Spread Your Wings!

傻瓜维特

相信自己和不相信自己是两种人生

【美】乔辛·迪·波沙达 著　千太阳 译

中国出版集团
现代出版社

你认为自己是什么样的人，就将会成为什么样的人。

——安东·契诃夫

目录 | Contents

作者寄语

　　《傻瓜维特》这本书告诉我们，在人生中绝对不能忘记的"真相"。因为，如果失去了它，我们就会失去一切。所以，我把它称为"伟大的真相"。在我们的人生中，总会遇到无数的变化与危机。有时候，我们会经历苦涩不堪的挫折，有时候也会感受到痛彻心扉的失败。虽然大部分我们都可以凭借自己的意志来克服，但是有时候在这些变化与危机面前，我们仍显得无能为力。每当这时，我们都必须记住，在生活中遇到的事情并不是与我们的意志无关的，并不是平白无故就发生的。不管发生什么样的事情，它的背后都存在着"伟大的真相"。

《傻瓜维特》讲述的是维特和罗拉寻找在生活中失去的"真相"的旅程。他们两个人的故事一开始是分别交叉着进行讲述的，到了后半部分合为了一体。这个旅程就像是他们两个人通过对方发现了自己，然后一起治愈、一起克服的过程。到底是什么原因，让他们二人在过去十七年的漫长时间里一直生活在绝望与痛苦之中？他们为什么会失去人生中最重要的东西？当重新找回之后，他们的生活又发生了什么样的变化？本书对上述问题一一做了讲述。

　　本书是基于"真实"的故事。如果说《孩子先别急着吃棉花糖》是来自斯坦福大学的"棉花糖实验"的话，那么《傻瓜维特》则是以后成为门萨协会会长的"维特"，在十七年的时间里作为"傻瓜"生活的故事为基础编写而成的。另外一个主人公"罗拉"，也是因为"愚笨"这个自卑情结而过着艰苦的生活，这个故事是以奥普拉·温弗瑞秀中出演的一位叫作"翠西"的女性的故事为原型写成的。

　　虽然《孩子先别急着吃棉花糖》和《傻瓜维特》讲

述的是两个不同的故事，但是，二者在本质上却是相似的，希望读者们可以亲自找一找。在这里，我可以给大家一个提示，那就是拒绝棉花糖的诱惑以及在寻找真实的自己的过程中，没有这个东西是不行的。

我相信这个故事将会让读者们的生活更加有意义，更加丰富多彩。

你们永远的朋友

乔辛·迪·波沙达

前言 | Prologue

那时，维特只有六岁。有一天，爸爸带着他去了保健所的儿童咨询中心。咨询师在桌子上放了很多张带有图画的卡片，卡片上既有鸭子、小汽车等非常简单的图画，也有抱着胳膊，背对背站着的让人捉摸不透的图画。维特看着卡片，需要很长时间才能回答咨询师的问题。除此之外，他还背诵了字母表，又唱了几首歌。

测试结束之后，咨询师在文件上写了些东西，然后对站在旁边看着的爸爸说："测试结果出来了，您儿子的认知能力要比其他同龄孩子低下。此外，我还怀疑他有语言障碍，而且……"

咨询师与维特对视了一眼之后，停顿了一下，然后用下巴指了指门，对他说：

"你到外面去等着好不好？"

听了咨询师说的话之后，维特抬头看了看爸爸。幼小的他都能明显看出来，爸爸的脸色变得非常黯淡。维特静静地从椅子上站起来，然后打开门走了出去。

　　候客厅的架子上摆放着很多玩具，其中那个花花绿绿的正六面体形状的魔方一下子就吸引住了维特的视线。维特像是着了魔一样拿起了魔方，用力转动了几下之后，神奇的事情发生了，他发现魔方的各个面都能转动。他犹豫了一下，但是很快就迅速地转动起魔方。

　　就这样过了十分钟左右，维特看到了不透明的玻璃窗上映照出了咨询室里的两个人站起来的身影。维特突然感到很害怕，爸爸经常对他说，不要乱动别人的东西，在归还借来的东西的时候，一定要原样归还才行。维特就像是被追赶着的人一样，用更快的速度转动着魔方。

　　不知道什么时候，爸爸和咨询师已经打开门走了出来，静静地看着这一切。咨询师用兴致盎然的眼神示意他继续，爸爸也呆呆地看着他。维特一边流着汗，一边转动着魔方。

　　"现……现在差……差不多都……"

但是，过了很长时间，维特依然没有停下来。一直盯着看的咨询师可能是等累了，用她那涂满了指甲油的手把维特手中的魔方拿走了。魔方连一面都没有完成，咨询师一边摇着头，一边把魔方扔进了架子上面的玩具堆里，然后，没有打招呼就直接走回了房间。爸爸的脸色比之前在咨询室里看到的更加黯淡了。

走出儿童咨询中心后，爸爸并没有向着停车场里的汽车走去，而是走向了路边的公园。他什么话都没说，只是默默地走着。明媚的阳光透过树叶之间的缝隙洒了下来，但是，跟在爸爸身后走着的维特的心情却非常暗淡。他一直在想，难道爸爸是因为自己没有经过同意就动了魔方，所以才一言不发吗？

"对……对不起。"

"因为什么？"

"刚……刚才……像箱子一样的东西……"

"原来是在说魔方啊。嗯，没关系。即使不会玩魔方，也不会对日常生活产生任何影响。"

"不……不是……没有经过允许……"

"维特呀。"

看来爸爸根本就没有听进维特说的话。爸爸就像做出了什么决定一样，深深地吸了一口气。之后，单膝跪下，望着维特的眼睛，说：

"没必要把那个蠢女人的话放在心上。不管别人说什么，你都是这个世界上最聪明的孩子。只要下定决心，不管做什么事情，都会成功的。知道了吗？"

爸爸既没有发火，也没有批评他。维特并没有完全理解爸爸说的话，但他还是使劲地点了点头。爸爸走到小卖店里给他买了一个冰激凌，之后，一个人向着湖边走了过去。维特以为爸爸还没有消气。

"我再……再也不会随便……碰别人的……别人的东西了。"

爸爸依然只是静静地站在湖边。沉默，让人觉得害怕。

"但……但是我想把魔方……魔方……"

维特低着头，像是在辩解一样，嘟囔着说。

"还……还回去……的。按……按照原样。最……

最初的模样……"

　　爸爸还是一动不动。维特伸出舌头舔了舔嘴的周围，不知所措地东张西望。最后，他眯着眼睛，抬头看了看天空。蓝蓝的天空中照射下来的阳光依旧非常灿烂。

　　那个时候的维特并不知道，魔方的拼法，是要把相同的颜色转到一个面上去，也不知道爸爸在公园里说的话是对的。很遗憾的是，直到很久很久以后，维特才明白这一切。

即使全世界背弃了你，你也要坚持相信自己。

IQ 测试

"傻瓜还学什么习！"

被噩梦折磨的十五岁的维特一下子从床上坐了起来。他冒着冷汗，全身都湿透了。

"呼，原来是在做梦啊。"

维特安心地舒了口气。但是，他脸上的阴影并没有淡去。因为，那不仅是个梦，还是他的记忆。

一个月前，维特在计算机房里犯了一个让人不可思议的错误。他把罗纳德老师说的"开机On"理解成了"打开Open"，于是，他想要把PC外壳拆开。孩子们都张大了嘴巴看着维特，后来了解事态的罗纳德老师急急忙忙跑了过来，揪着维特的耳朵说：

"你的脑袋里到底都装了些什么东西啊，竟然想把上千美元的计算机拆开？海豚都要比你聪明。你这个蠢货。傻瓜还学什么习！你还是去学做生意吧！"

维特觉得，似乎现在还能听得到罗纳德老师的高喊，他痛苦地把耳朵捂了起来。

今天也有罗纳德老师的课。虽然维特希望天永远都不要亮起来，但是，不知不觉东方渐渐变白了，窗外已经一片明亮了。

维特打着冷噤，哆哆嗦嗦地打开了房车的窗户。他看到了在对面的修理厂里，用力扭动着汽车轮胎上的螺丝的爸爸。爸爸是所有修理厂技术工人中上班最早、下班最晚的人，也是修理厂里年纪最大的人。虽然爸爸的年纪比开着奔驰的修理厂老板格雷罗还要大，但是，他却连房子都没有。

"维特，起来了？"

维特打开房车的门走了出来，爸爸一边向他挥着手，一边爽朗地笑着。爸爸虽然在笑着，但是不知道为什么，总感觉他有些悲伤。维特曾经见过这个悲伤的表情。

维特跟着爸爸一起在破旧的房车里生活。自从妈妈去世之后，爸爸就开始迷上了酒精，喝醉的日子渐渐增多。

爸爸因为酗酒，多次被赶出了公司，最后连房子都失去了。

刚刚搬来这里住的时候，维特非常高兴，他以为他们是乘坐房车去旅行。维特不停地缠着爸爸问，他们要去哪里旅行，爸爸回答说，要去环绕美洲大陆一周。

"大……大陆一周？那……那么邮政……编码……9……0001洛……杉矶890……44拉……斯维加斯10……001……纽……约。还有……邮……邮政……"

在维特准备把美国的所有城市以及邮政编码都说一遍之前，爸爸说：

"是的，我们都要去。但是，要等我们再攒一些钱之后才能去。"

但是，他们的房车甚至都没有开出过这个城市，更不用说去环游美洲大陆了。

爸爸因为酗酒很难找到长久稳定的工作。可能还会多次更换职业的爸爸，在前同事格雷罗的关照下，好不容易才在修理厂找到了现在的这份工作。于是，爸爸把房车开到了离修理厂非常近的这个地方。那天晚上，喝得酩酊大醉的爸爸把房车的轮子拆了下来，然后就再也没有提起环游美洲大陆的事情了。房车的轮子被拆掉之后，爸爸就变成了一个无趣的人。但是，他也变成了修理厂最努力工作的人。

❀

维特刚坐上校车，达夫就模仿海豚发出了"咕咕！咕咕！"的声音。虽然不知道海豚是不是真的这样叫，但是，在逗笑孩子们这一点上是非常有效果的。整个校车里的孩子都大笑起来。

不管是多么无趣的玩笑话，只要从达夫的嘴里说出来，就会觉得很有趣。达夫擅长运动，头脑聪明，性格活泼开朗，而且长得也很帅。怎么说呢，就好像全世界的人都喜欢达夫一样。如果他不欺负自己的话，维特应该也会喜欢他。

维特用哀怨的眼神看了达夫一眼，于是，达夫变得更加肆无忌惮。维特觉得不好意思，满脸通红，在车上晃晃悠悠地找着座位。坐在窗户边的朋友们看到维特走过来，都会悄悄地把书包放在旁边的座位上，也有的人干脆非常直接地把腿放在了旁边的座位上，不让维特坐过来。孩子们认为靠近维特。是一件非常可耻的事情，觉得自己的地位也跟着下降了。

"还不赶快坐下！因为你都没办法出发了！"

校车的司机向着没法坐下的维特大声喊起来。

"咕咕！咕咕！咕咕！"

车里那些跟达夫一伙的小朋友们都在模仿着海豚的叫声。维特迈着沉重的脚步，慢慢地在车里走动。他在汽车的最后面发现了一个没有放着书包的空位子。

维特悄悄地看了一眼坐在旁边座位上的人。绑着一个长长的马尾辫的罗拉静静地盯着车窗外边。正当维特犹豫着要不要坐下的时候，校车出发了，晃晃悠悠的维特一屁股坐了下来。

但是，罗拉一直在盯着窗户外边，根本就没有看他一眼。她看上去好像是在想什么事情一样，也像是陷入了冥想中一样。维特不时地偷瞄罗拉一眼，过了一会儿，不知不觉地，他开始盯着罗拉看。维特觉得，罗拉鼻梁上的雀斑非常可爱，长长的眼睫毛下面有一双漂亮的蓝色眼睛。维特现在才知道罗拉有着一双蓝色的眼睛，因为他从来没有如此近距离地观察过罗拉。突然间，维特的心脏开始剧烈地跳动起来。

"你在看什么啊？"

像石像一样坐着的罗拉突然转过了头，就好像她觉察到了维特的眼神一样。维特像是被炽热的铁片烫了一下，吓了一大跳。

"谢……谢谢，罗拉。"

"你到底有什么要感谢我的啊？"

"让……让我坐在你的旁边……"

"我又不是这辆校车的主人，坐在空位子上是你的权利。"

罗拉的声音非常冰冷。但是，维特依然因为与罗拉的对话而感到兴奋。因为维特没有朋友，他总是一个人自言自语。维特停顿了一下，然后慢慢地开口说话了。

"听……听说以前的时候，黑人在公共汽车里是不能坐着的。而……而且女人也没有投票权。还有，罗马时代……"

"你到底在说什么啊？"

罗拉带着不可理喻的表情看了一眼维特，然后非常冷淡地把头转了过去。维特默默地低下了头。他在慌张的时候有一个习惯，那就是手指不停地动来动去，现在，他的手指就开始动来动去了。

"如……如果因为我而生气的话，对……对不起。"

罗拉看着不知道该如何是好的维特说：

"你真的是无药可救了。"

他们的对话就这样结束了。罗拉郁闷地叹了一口气，然后重新把头转向了窗外。

维特失落地弯下了腰。维特一直盯着自己颤抖的手指，但是，不知不觉地，他又把视线投向了罗拉。

一股暖风透过窗户的缝隙吹了进来。罗拉褐色的头发在风的吹动下飘扬起来，在阳光的照耀下，就像金色的线一样漂亮。

❋

那一天的第二堂课，罗纳德老师拿着一卷厚厚的纸走进了教室。罗纳德老师说，那是 IQ 测试卷。孩子们因为这个意想不到的状况而喧闹起来。

"老师，这周的课程表上……"

"那有什么关系。并不会因为提前预习了，头脑就会突然变聪明的。"

罗纳德老师打断了教室里各种不满的声音，然后面无表情地把 IQ 测试卷发给了孩子们。孩子们半是担心半是好奇，盯着桌子上的测试卷。

"老师，猴子的 IQ 是多少呢？"

达夫突然提了这样一个问题。

"听说猴子的 IQ 在 50 左右，大猩猩在 65 左右。"

"那么海豚呢？"

罗纳德老师还没有回答，教室里就已经一片笑声了。到处都是"咕咕！咕咕！"的叫声。

"哈哈！看来今天学校的 IQ 最低记录要被打破了。"

"海豚，不用担心。因为动物保护协会将会保护你的。"

"咕咕！给我沙丁鱼作为今天的零食吧，饲养员师傅。哈哈！"

教室里所有人的视线都转到了维特的身上。坐在角落里的维特就像是被看不见的子弹射中了一样，内心开始慌乱起来，手指又开始不自觉地抖动，就像是踩着节拍一样敲打着桌子。

"维特！"

讲台上传来了罗纳德老师训斥的声音。

"你能不能不要再弹那该死的钢琴了！"

为了让手不再颤抖，维特把两只手紧紧地握在了一起。这个时候，他又听到了达夫嘲讽的声音：

"维特更需要特别仔细地阅读问题。如果不想被关进海洋馆里的话。"

教室里再次响起了孩子们大笑的声音，而维特低垂的肩膀看上去更加无力。

笨笨的自卑情结

"快进来。"

罗拉打开门之后，妈妈满脸笑容地迎接了她。

"是不是很香？今天妈妈做了我们小笨笨最爱吃的苹果派哦。"

家人们都管罗拉叫"笨笨"。好像是在她很小的时候就那么叫了，她甚至想不起来是多么小的时候了。所以，她已经习惯了这个昵称，甚至觉得他们叫自己的名字的时候反而更陌生。虽然，偶尔在别人面前被叫作"笨笨"会觉得非常丢脸，但是，罗拉从来没有因为这件事而埋怨过自己的家人。

"这也是没有办法的，因为我笨，所以才会被叫作笨笨。"

罗拉发现了在客厅里看报纸的爸爸，便逃跑一样飞快地跑到了二楼。虽然听到了爸爸干咳的声音，但是，她依然装作没有听见。

罗拉走进自己的房间之后，掏出了口袋里的钥匙，然后打开了书桌的抽屉。在抽屉里面，有罗拉的两个宝贝。第一个宝贝是存钱罐，哪怕是有了一分钱，罗拉也会毫不犹豫地扔进存钱罐里。她知道做整形手术是需要很多钱的，尤其是如果想在 LA 做手术的话，就需要有一大笔钱才行。罗拉曾经在杂志上看见过，说是在好莱坞周围聚集了很多技艺高超的整形外科的医生。

"如果这个存钱罐存满了的话，我就不用再过笨笨的人生了。"

罗拉晃动了一下存钱罐，感受了一下沉重的感觉，然后又重新把它放进了抽屉里面。接着，她又拿出了第二个宝贝，是一个作家笔记本。

一开始，她只不过是在上面乱写乱画而已。但是，不知这样毫无逻辑的随笔短句是不是也可以算作一种训练，到后来，罗拉确实写出了一些还不错的文章。

罗拉越来越喜欢写文章。有时候会在笔记本上写日记，有时候也会写诗，后来，甚至写出了一些简短的小故事。

罗拉觉得，在写文章的时候，会产生一种让人从郁闷的现实中摆脱出来的感觉，让人的内心非常舒畅。长满了雀斑的难看的脸、没有任何值得炫耀的才能、爸爸那使人产生很大压力的声音以及家里让人窒息的空气等，这些都可以忘得干干净净。

罗拉打开了笔记本。

"今天写点儿什么呢？"

罗拉不停地转动着铅笔，她突然想起了今天早晨在校车上与维特相遇的事情。为什么要对维特发火呢？罗拉对于自己在校车上的过激反应有些过意不去。其实，不管维特说什么，直接无视掉就可以了。但是，奇怪的是，自己当时并没有直接无视掉维特说的话。从很久以前开始，在看到维特的时候，罗拉都会感到困惑，这感受就好像是为人父母者看到自己的孩子有着与自己一样的缺点。罗拉觉得，总是意志消沉、没有任何信心的维特与自己太相似了。如果说他们两个人有不同之处，那就是维特的小心翼翼都展现了出来，而罗拉的小心翼翼则隐藏了起来，并没有让任何人发觉。罗拉不想承认这个事实。

"算了，那个笨蛋变成什么样子跟我有什么关系？"

罗拉把写在笔记本上的维特的名字擦掉了，决定写一些其他的她想象的美好的事。就在这个时候，她的房门被打开了。

"哎哟，笨笨，你在给弗兰肯斯坦写情书吗？"

那是罗拉的弟弟汤米。罗拉迅速合上笔记本，神经质似的大喊起来。

"你赶紧给我出去！"

"你以为是我想来的吗？你这个笨蛋。妈妈让我叫你下楼吃饭！"

罗拉皱着眉头，把对弟弟的不满写在了笔记本上。笔记本上每天都会增加一个离家出走的理由。

一家四口在桌子面前坐好之后，汤米就像是第一次用望远镜发现了新大陆的航海家一样，大声说：

"爸爸，笨笨在写小说。"

31

爸爸停下了撕面包的手，静静地盯着罗拉。

"不是小说，就是简单的文章。"

罗拉低着头，小声地辩解着。

"她说以后要当作家。这是她上次亲口对我说的。"

毫无眼力劲儿的汤米又开始乱插话。罗拉听到了爸爸那熟悉的嘲笑声：

"哼，你以为随便什么人都可以当作家吗？"

罗拉紧紧地闭着嘴，嚼着沙拉。虽然是洒了爱尔兰沙拉酱的沙拉，但是，罗拉却感觉到了一股苦味。

"如果说，只要拿起笔就能变成海明威，就能变成莎士比亚的话，那么世界上的人都可以去当作家了。不管是做什么事情，都必须要有与生俱来的能力才行。人不应该抱有虚幻的想法，而应该制订现实可行的计划才行。"

听爸爸说这些话的时候，罗拉觉得自己的食道都像是被堵塞了一样。她喝了一大口凉水之后，鼓起勇气说：

"任何人不是都可以有梦想吗？而且如果努力的话……"

爸爸打断了想要努力辩解的罗拉：

"哎呀，我们家笨笨，变得会说话了呢！梦想……你说要成为花样滑冰明星而买的滑冰鞋呢？你的网球拍没有用几次就放弃了吧？还有，你说要成为钢琴家而学习的钢琴呢？你的那些梦想都去哪里了呢？花了五千美元给你买了钢琴，但是，你没学多久就放弃了，不知道现在一周里还能不能弹一次。"

这个时候，妈妈打断了爸爸的话：

"老公，就不要再说这件事了。反正现在汤米用得不是也很好吗？汤米甚至还负责了圣歌的伴奏，还被邻居们夸奖了呢！所以，没有什么好可惜的。"

罗拉知道妈妈在替自己辩护。但是，妈妈的这番话，反而更加刺痛了罗拉的心。因为，他们说的全都是事实。到目前为止，罗拉从来没有很好地完成过任何一件事情。没有才能，没有韧劲，也没有自信。

"俗话说，英雄出少年，你连一次写作奖都没有得过，不要再沉浸在白日梦里了，还是好好做好眼前的事情吧。对了，笨笨，你准备好明天要在义卖会上卖的柠檬水了吗？"

"啊，对了……"

罗拉一下子清醒了过来。自己竟然把这件事忘得一干二净了，差点把明天的活动搞砸了。罗拉把叉子放在盘子里，然后安静地站起来说：

"我去买柠檬。"

❀

山坡上，教堂的白色十字架被夕阳染成了非常好看的红色。在空无一人的教堂前院里，只有蟋蟀孤独的叫声。罗拉把装有柠檬的篮子放在了旁边，坐进其中的一个秋千上，呆呆地望着夕阳。

"我为什么会这么没出息呢？"

罗拉觉得自己太让人失望了。学习、才能、外貌、韧劲和记忆力，自己样样不行。虽然罗拉也希望可以像电影里的主人公一样生活，但是，现实中，自己却只能成为那些特别人士的伴娘而已。罗拉叹了一口气，慢慢地从秋千上站了起来，看到了头顶上巨大的十字架顿时眼中充满了泪水。罗拉静静地向着十字架走了几步，然后慢慢地跪了下来：

"我为什么是这个样子？我也想成为一个特别的人。上帝啊，让我变得美丽吧。求您赐予我能力吧……"

就在这个时候，罗拉感觉到了某个地方有人的动静。她被吓了一跳，迅速弹起来，拍了拍膝盖上的土，小心翼翼地环顾着四周。

"谁在那里？"

仔细看一看就会发现，草丛后，黑漆漆的树林里有一个人。躲藏着的人影貌似正犹豫着要不要出去。过了一会儿，一下子跳了出来。那个人不是别人，正是维特。

"你，藏在那里干什么啊？"

听到罗拉尖锐的声音，维特慢慢地走了过来，小心翼翼地说：

"因……因为……今天是教会免费分发食物的日子，所以，我在等……等爸爸。"

"你爸爸呢？"

"在教……教堂里……我们家太穷了，所以，要祈祷的事情太多了。"

罗拉看到了停在停车场里的破旧货车。

"我也有很多要祈祷的事情。所以,你能不能不妨碍我啊?"

"你⋯⋯你想祈祷什么啊?"

"你不用知道。"

罗拉冷冷地说完之后,重新坐在了秋千上。维特一边挠着头,一边在周围走来走去。罗拉看都没有看维特一眼,而是看着旁边空着的一个秋千说:

"如果想坐上来的话,就上来。因为这里是自由的国度。"

"谢⋯⋯谢谢。"

维特高兴地笑了起来,坐到了罗拉旁边的秋千上。看起来,他早就把校车上的事情都忘记了。

坐在秋千上的男孩和女孩的脸也被夕阳染成了瑰红色。在秋千上前后晃动的罗拉,一边看着天空一边说:

"夕阳真是太漂亮了!"

跟着罗拉抬头看向天空的维特说:

"你……你也很漂亮啊。"

听到这句话，罗拉停下了荡秋千，盯着维特说：

"什么？你现在是在跟我开玩笑吗？"

罗拉锋利的眼神把维特吓得停了下来：

"不……不是开玩笑。刚才你……你在夕阳下祈祷的样子……"

维特像是在找一个合适的词一样，苦恼地皱了皱眉头：

"很漂……漂亮。"

罗拉的大脑瞬间变得一片空白。罗拉从来没有听别人说过自己漂亮。她感觉自己刚才的祈祷好像被维特看透了，顿时觉得很难为情。

"你……"

不知所措的罗拉，脸迅速变得绯红。不知什么原因，愤怒的情绪要比羞涩的情绪更快地涌上了心头。羞涩的秘密被别人看透之后，罗拉感觉自己像是受到了极大的侮辱。

"你现在是在故意气别人吗？你怎么能够对我说这

样的话呢？不要再出现在我的面前了，知道了吗？你这
个傻瓜！"

罗拉从秋千上站了起来，使劲向后推了一下秋千的
绳子，然后抱着装满柠檬的篮子，大步走下了山坡。只
剩下空空的秋千消失在傍晚的朦胧中，以及耷拉着肩膀
的孤单的维特。

无法相信自己的人

下午，上课之前。结束了合唱练习的孩子们回到了教室里，各自坐在了自己的位子上。现在，教室里还空着一半以上的座位，因为那些孩子们结束乐队练习之后，还要整理乐器，所以晚一些才能回来。这个时候，靠在窗户边站着的瑞秋老师拍了拍手掌，把班里孩子们的视线吸引去，她说：

　　"同学们，我们来做个有趣的实验怎么样？"

　　"文学课里也有实验吗？"

　　不知道是谁问了这样一个问题，瑞秋老师一边笑着，一边举起了两只手里拿着的纸。孩子们充满了好奇心，集中注意力地盯着她。在两张纸上画着非常简单的线条。

　　"与左边的纸上画着的直线长度相同的直线是几号

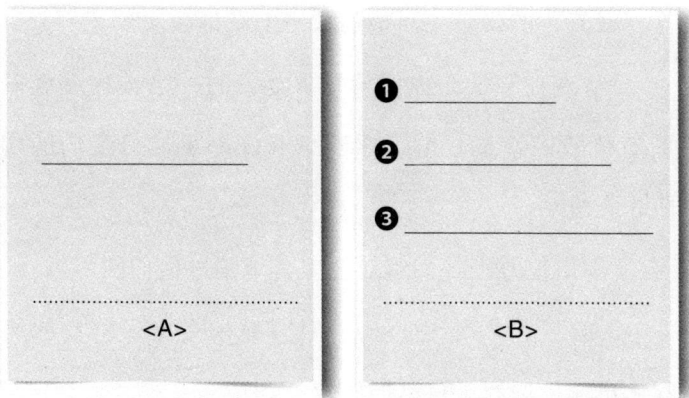

<A>

<B>

呢？大家把眼睛闭上，然后用手指来表示出自己所想的号码。"

孩子们闭上了眼睛，没有丝毫犹豫地纷纷伸出了手指。所有的手指都笔画出了一个 V 字。

"全部都回答正确。正确答案就是 2 号。"

孩子们睁开眼睛后，纷纷确认大家的手指，满脸都是不满的表情，觉得根本就没有什么大不了的。

"这就是实验吗？"

"呵呵，不是的，从现在开始才是真正的实验。"

瑞秋老师让孩子们聚集到了自己的身边，然后就像是准备秘密作战一样，用非常小的声音跟他们说话，于是，对真正的实验感兴趣的孩子们渐渐聚集到了一起。

"从现在开始，你们就是 A 组，过一会儿来到教室里的孩子们就是 B 组。你们只有好好表演，我们的实验才会成功。"

"不用担心，我们绝对会完美地骗过他们的。"

了解了作战计划的孩子们的嘴角露出了调皮的笑容，迅速地回到了自己的座位上。

快到上课时间了，B 组的孩子们才回到了教室。上课铃声响过，瑞秋老师拿着两张纸，站在了孩子们面前。她像刚才做过的一样，让孩子们从中找出长度相同的直线。

"很明显是 1 号啊！"

"不是的，明明是 2 号啊！"

"怎么可能，怎么会是 2 号呢？当然应该是 1 号了。"

按照计划，A 组的孩子们都在大声说 1 号是正确的。B 组的孩子们开始混乱起来，露出了疑惑的表情。

"现在，让我们闭上眼睛，然后用手指表示一下相同长度的直线是几号吧？"

听了瑞秋老师的话之后，B组的孩子们举起了手。A组的孩子们装作举手的样子，然后偷偷地睁开眼睛确认B组孩子们的手。B组孩子们的手指的样子可以说是五花八门。

感觉到了奇怪氛围的B组的孩子们纷纷睁开了眼睛，A组的孩子们都哈哈大笑起来。

"哈哈，你们都是傻瓜吗？连这个都不知道。"

B组的孩子们都带着满脸疑惑的表情，然后，瑞秋老师说明了事情的前因后果。

"刚才，我们重演了一遍一位叫作阿希的心理学家为了了解人们的从众行为而做的一个实验。"

"什么是从众行为？"

"所谓从众行为，指的就是让自己的想法配合别人的意见的一种行为。来，让我们想一想。虽然A组的孩子们全都回答正确了，但是B组的孩子们却只有一半回答正确。这两个小组的差异是什么呢？"

"肯定是老师把正确答案告诉了A组。"

B组的一个孩子因为就这样被骗了而气愤地说。

"不是的，差异就在于 A 组并没有受到妨碍，而你们 B 组却受到了妨碍。处于独立状态下的 A 组是自己思考的，而被妨碍者包围着的 B 组则赞同了别人的意见。所以说，差异就在于，到底是相信自己还是相信别人。B 组没有相信自己，而是因为别人的话而出现了动摇。"

孩子们都因为这个有趣的实验而兴奋地眨着明亮的大眼睛。

"以前，曾经有人问过百万富翁们一个问题，那就是成为富翁的秘诀是什么。你们知道他们选出的共同的秘诀是什么吗？那就是相信自己。所谓相信自己，指的就是相信自己的想法、自己的直觉，还有，最重要的就是相信自己的潜力。"

"哎，要真是那样的话，任何人都会成为百万富翁了。"

"是的，你们现在可能会这样想。但是，长大成人之后，人们是很难相信自己的。就像刚才 A 组妨碍 B 组猜测直线长度一样，世界上存在着无数的妨碍者，他们随时随地都会出现在我们的身边，妨碍我们做出选择。妨碍者们会让我们陷入混乱中，然后给我们注入消极否定的想法，让我们怀疑自己。如果怀疑自己，那么，赫拉克勒斯也不会拿起刀，赛扬①也无法扔出快速球。所以说，你们直到最后也不能放弃对自己的信任。"

瑞秋老师看了一眼手表，然后开始了今天的文学课。虽然今天的进度又慢了一些，但是，瑞秋老师并不觉得这是在浪费时间。因为她觉得帮助孩子们发挥出他们的潜力，才是老师真正的义务。

下课之后，孩子们就像退潮一样涌出了教室。教室里只剩下了维特一个人站在那里，怯生生地看着瑞秋老师。

"维特呀，你有什么话要对我说吗？"

"这……这个……能帮我看一下吗？"

维特用颤抖的双手把笔记本递了过去。

"上次……上课的时候……听了老师说的……爱……爱迪生的故事之后，我也想……想制作发明品，

---

① 美国的传奇棒球选手——编注

所以……"

笔记本上画着遥控器的图画，还有一些歪歪斜斜的文字说明。那是一个"会发出声音的遥控器"。当我们在家里找不到遥控器的时候，让遥控器发出声音，就可以找得到了。瑞秋老师不禁发出了感叹："维特，这真是个了不起的发明啊。现在，就算是丢了遥控器，也不用在客厅里翻来翻去了。真的是一个不错的想法啊。"

维特害羞得不知道该怎么办了。他还没有习惯别人对他进行称赞。瑞秋老师对维特说，暂时借用一下他的笔记本。这好像是一个可以使意志消沉的维特增添自信的好机会。

瑞秋老师带着兴奋的心情回到了办公室，然后把维特的笔记本递给了负责发明课的罗纳德老师。

"这是维特的作品，把它拿到这次的商品展览会上进行展览怎么样？"

罗纳德老师一脸不乐意地盯着笔记本，当他一听到维特的名字之后，立即把笔记本合上了。

"我原本以为他只不过是个傻瓜而已，没想到还是个讨厌的家伙啊。"

"您这话是什么意思啊？"

"会发出声音的遥控器是去年全国学生发明大赛中获得大奖的作品，这是只要对发明有一点兴趣的人都知道的事实。很明显，这是这个家伙为了获得老师的欢心而故意抄袭的。省得别人不知道他是傻瓜，竟然抄袭最有名的发明品。"

瑞秋老师想起了维特善良的眼神。维特虽然成绩不好，但是绝对不是一个会撒谎的孩子。

"维特有可能真的不知道啊。"

"就凭那个家伙的脑袋，是绝对不可能想出这么好的主意的。"

"您怎么能就这么肯定呢？在变成看得见的实践之前，谁都不知道一个人的潜力有多大。"

罗纳德老师好像预想到了这样的辩解一样，他没有丝毫动摇，然后把学籍簿拿出来给瑞秋老师看。看了学籍簿后，瑞秋老师的脸上挂满了不相信的表情。

"看到了吗？维特的 IQ 是 73。也就是说，他根本就是一个低能儿。"

这个时候，他们的背后传来了一个男孩子的笑声：

"维特的 IQ 是 73？哈哈！"

因为有事情，所以来到办公室的达夫听到了他们两个人的谈话。达夫就像是发现了什么神奇的东西一样，跑过来偷看了一眼学籍簿。瑞秋老师急忙把学籍簿合上了，然后把达夫单独叫到了一边。

"达夫呀，你绝对不能把维特的 IQ 告诉其他的孩子们。为了维特，这件事一定要保密才行。你可以跟我约定吧？"

"嗯……知道了。"

达夫淡淡地回答了一声，一边笑着一边走了出去。瑞秋老师产生了一种不祥的预感，她觉得维特的身上即将会发生些什么不好的事情。

❀

没有比学校传播流言蜚语更快的地方了。几天之后，在维特的保管箱里，用红色的颜料写着看上去非常狰狞的"IQ73"这几个字。维特的后背上经常贴着"傻瓜"、"低能儿"这样的纸条。

孩子们都把维特叫作"傻瓜维特",甚至有几个老师也那么叫。自从维特的 IQ 被大家知道之后,他就开始遭到赤裸裸的欺负,维特是全校学生最好欺负的玩具和取笑的对象。维特每天都要从垃圾箱里找到自己的鞋子,每天走在走廊里的时候,都会被别人敲后脑勺。孩子们是残忍的。他们好像认为一个人头脑不好,也就不会有任何受伤的感受。从此以后,维特好像真的变成了傻瓜,他说话的时候更结巴了,上课的时候就像是被追逐的人一样惊慌失措,有时候还会一个人自言自语。

瑞秋老师看不下去了,虽然她曾经把维特叫出来为他做过咨询,但是,好像已经太迟了。

"维特呀,最近是不是很累啊?"

"没……没……没关系。我……我决定不在这里上学了。"

"你说什么?"

"罗……罗纳德老师……给爸爸打电话……说……说我是傻瓜……需要送到特殊学校去……"

"维特呀，你不是傻瓜。我去劝一劝罗纳德老师。"

"声音……"

"什么？"

"发出声音的遥控器……我真的不知道……那是已经发明出来的东西。请相……相信我。"

瑞秋老师用可怜的眼神看着维特，紧紧地握着他的手，说道：

"我当然相信你了，所以，维特，你也要相信自己才行。"

维特慢慢地眨着善良的眼睛说：

"我……我不知道您说的话是什么意思。让我……我……相信我自己？但是，如果傻……傻瓜相信傻瓜的话……只……只能变得……变得更傻。我……我要去……要去赚钱了。我想帮一帮爸爸。"

瑞秋老师第一次感受到了自己的无能为力，除了握住他的手之外，她再也不能为自己不幸的弟子做任何事了。其实，她也知道，这所学校是一个非常残酷的地方，对这个十五岁的少年来说，的确很难承受。

✻

一周的时间过去了，上午的校园像往常一样平静。孩子们正在上课，阳光洒在了教室的窗户上，暖暖的，树木就像是伸懒腰一样晃动着翠绿的叶子。草坪上的洒水器有规律地转动着，向空中喷洒着闪闪发光的水珠。

维特的父亲开来的破旧货车颤巍巍地停在了教学楼前面。维特把自己的东西装在了纸箱子里，然后搬着走出了教学楼。出来送他的只有瑞秋老师一个人。

"维特，你一定要对自己周围的事物多观察、多学习，成为一个更优秀的人。长大成人之后的学习，才是真正的学习呀，绝对不能放弃。"

"谢……谢谢……谢谢您对我这个傻瓜这么好。"

维特抬头看了看学校的建筑，然后坐上了卡车。卡车一边发出吵闹的声音，一边后退，调转方向之后慢慢地向前开去了。维特靠在车窗上，眼前到处都是洒水器喷出的亮晶晶的水珠，跳着欢快的舞蹈跟在他的身后。维特看到了后面那个展翅高飞的青铜雄鹰像，由于他从来没有关注过这个青铜像，所以，这是他第一次知道原来柱子上还刻着字，那是一个非常简短的句子。

Be Yourself.（做你自己）。

维特带着淡淡的表情看了看那个句子，然后转过头看向了正前方。维特就这样离开了学校，瑞秋老师看着卡车离开之后，久久未能离去。

爱默生的第一秘诀

嘀嘀嘀。

复印机的滚筒一边发出有规律的声音，一边往外喷吐着纸张。罗拉站在旁边守着复印机，这是她大部分的工作时间里要做的事情。

"罗拉，麻烦把这个也复印十份。"

"好的，放在旁边就可以了。"

罗拉像录音机一样机械地回答着。

罗拉是市政府的一名临时工。如果能够转为正式职员，可以说这是一份非常不错的工作，有时候可以感受到为市民服务的自我价值得到了肯定。但是，这并不是罗拉想要的工作。

罗拉觉得不停地堆积相同的纸张的光景，就像是自己过去度过的十年一样。罗拉就像复印纸张一样重复着日常生活。虽然她的个子长高了，大学毕业了，开始工作了，但是，这就是过去十年时间里发生的所有的变化。她没能去纽约，没能成为作家，也没能去做整形手术。

考入大学是可以尽情地为了自己的梦想奋斗的绝好的机会。但是，站在选择的大门前，罗拉像往常一样失去了信心。结果，在一定程度上，她还是按照父亲的意愿做出了选择。从社区大学毕业之后，罗拉成为了一名临时工公务员，成为了一个人类复印机。她的生活并不是没有任何变化，可以称得上发展的变化就是她离开了家，开始自己独立生活了。哪怕就是这一点变化，也可以看作是巨大的进步了吧？

完成了复印工作之后，罗拉在办公室里转来转去，分发着刚才复印的文件。其他职员就像是忘记了罗拉的存在一样，专心于自己的工作。像复印这样的任何人都可以做的工作，优点就是没有任何的危险、负担，但是，也有它的缺点，那就是在别人眼中就像复印机一样。

罗拉抬头看了看挂在墙上的钟表，等待着没有任何意义的工作快点结束。

✿

　　回到公寓里之后，罗拉一下打开了窗户。虽然期望自己郁闷的内心可以一下子变得通透，但是根本就没有一丝凉爽的风，只有一股热浪扑面而来。

　　"纽约应该不会这么热，也不会这么让人厌倦。"

　　罗拉拿出了自己在下班路上买回来的一个苹果和一片奶酪吃了起来，这就是她的晚餐。虽然体重还不到五十千克，但是她一直都在进行减肥。本来脸就长得很难看了，如果连身材也很差的话，就更难忍受了。但是，不管多么努力地减肥，她的身材还是跟脸一样，没什么可看的。

　　"为什么要把我生得如此寒酸呢？"

　　罗拉一边叹气，一边把盘子收拾了起来，然后打开了放在饭桌一角的信件。

　　在各种广告中，有一个在发信人处写着"RB出版企划"的信封。罗拉皱了皱眉头，看都不用看，肯定是出版社的宣传单。

　　罗拉曾经在上大学的时候参加过作家培训活动，来上课的学生们必须要在三个月的时间里完成一篇短篇小说才行，然后组成同人志，寄给各大出版社。但是，出版社更感兴趣的不是想当作家的学生们的作品，而是刊登在同人志上的他们的联系方式。从那之后，出版社经常会寄来一些新刊的介绍册或者是介绍作家培养活动的宣传册等。

　　真是一个了不起的宣传方式。虽然罗拉每次都会上当受骗，但是，她总会想这次会不会是申请稿子的信件呢？然后就会抱着虚无的期待把信封拆开。罗拉就当自己又被骗了一次，像往常一样拆开了信封。在信纸上写着非常长的内容，罗拉睁大了眼睛，把信纸上的字读了一遍又一遍。

　　"想跟我一起写一本书吗？"

　　罗拉觉得这简直就像是在做梦一样。她喝了一杯冰水，让自己激动的心平静下来。但是，不到五分钟的时间，她的心脏又开始剧烈地跳动起来。那天晚上，罗拉把信反复读了十多遍，无论如何也睡不着。

✿

"瑞秋老师？"

"罗拉·邓肯？"

十年之后的重逢。罗拉与 RB 出版企划的代表约好了在市内的餐厅里进行会谈，当她看到坐在预约位置上的人是瑞秋老师之后，惊讶得合不拢嘴。当然，感到震惊的人不仅仅是罗拉。

"我的天啊，我还在想不会是你吧，没想到真的是你啊！"

两个人高兴地面对面坐着，然后开始相互询问起对方的近况来。瑞秋老师在附近的高中里当文学老师，她想把自己在当老师的过程中领悟到的一些教训编写成书。所以，她前不久注册成为了出版法人，正式开始物色一起工作的作家。

"我原本是准备自己编写的，但是，教别人写文章和自己写文章还是不一样的。所以，我想找一个文笔比较好的作家一起编写，后来，我在同人志上面发现了你写的文章。你最近在写什么样的作品呢？”

“实际上，那是我的第一个作品，同时也是最后一个作品。”

“为什么啊？”

罗拉说起了自己在作家培养活动中得到了老师苛刻的评价的事情。

“当时的老师是出版了三本书的小说家，他看了我的文章之后，说是像青春期少女的日记一样。从那以后，我就总觉得自己的文章很差劲，渐渐地也没有了自信……”

听着罗拉说话的瑞秋老师晃了晃食指。

“华特·迪士尼在你这个年纪的时候，曾经画了一些漫画寄给了杂志社，直接就被退稿了。知道理由是什么吗？”

罗拉摇了摇头。

“杂志社说没意思。”

“怎么可能啊？如果说迪士尼的漫画没意思的话，

那么，世界上还有什么漫画是有趣的呢？"

"就是呀，但是，没有发现迪士尼才华的地方不仅仅是漫画杂志社。因为那件事而失望沮丧的迪士尼好不容易在一家公告代理公司找到了工作，他在那里比任何人都要努力地画画。但是，还不到一个月就被赶了出来。"

"又说没意思吗？"

"不是，这次是说他根本就不具备画画的才能。竟然说华特·迪士尼没有画画的才能！"

"看来大家的眼光都有问题啊。"

瑞秋老师一边拍着膝盖，一边说道：

"说不定批判你的小说家的眼光也有问题呢。你就这样想，然后忘掉那些妨碍者说的话吧。在我们的身边同时存在着积极向上的信息和消极否定的信息，成功人士只相信那些积极向上的信息。为了寻找一起合作的作家，我已经看过无数业余作家写的文章了，其中，你的文章是最吸引人的，知道吗？你的文章内容非常新颖，文体也非常独特。罗拉，你真的非常具有写作才能。"

罗拉的内心一下子涌上了一种说不清楚的感情。为了听到别人说"你有才能"、"你一定会成为优秀的作家的"这样的话，她不知道等了多久，哪怕是谎言也好。到目前为止，罗拉的身边还没有人对她说过这样简单的话。罗拉能够感觉到自己的眼角渐渐变得湿润，就好像孤独一人经过了长长的隧道之后，终于发现了光明一样。

罗拉干咳了一声，努力地压抑着眼里的泪水。

"您正在准备什么内容的书呢？"

"爱默生所说的第一秘诀。"

"那是什么？"

"自信。"

罗拉依稀想起了多年前瑞秋老师在教室里做过的那个实验。当时，瑞秋老师也曾经说过自信是成功的钥匙，罗拉到现在还无法确认那到底是不是真的。但是，能够确认的一点是，罗拉从来就没有相信过自己。

"您能够再仔细地说明一下吗？"

"好的。"

"等一等。"

罗拉打开了好久都没有打开过的作家笔记本。想要找回曾经放弃了的梦想的欲望像波涛一样涌上了心头，罗拉感受到了"活着的感觉"。那一天，她们两个人一直充满激情地交流着，一直到餐厅打烊。

通往世界的通道

"喂，维特！帮我把架子上的工具箱拿过来！"

被晒成褐色皮肤，浑身都被汗水湿透了的年轻修理工朝维特大声喊着。在外面擦着汽车的维特飞快地跑过去把工具箱递给了他。

"维特，去外面买一些可乐吧。多买一些，足够所有修理工喝。"

维特刚刚回到要擦的汽车旁边拿起抹布的时候，格雷罗就一边叼着雪茄，一边吩咐他去跑腿。维特在爸爸工作的修理厂里做一些杂活，可以赚到一点儿钱。不懂任何修理技术的维特是这个修理厂里最繁忙的一个人。

维特觉得像傻瓜一样生活好像也不错，任何人都不会要求傻瓜去做困难的事情。只要把别人让自己拿来的东西拿过来，把别人让自己搬走的东西搬走，只要按照吩咐去做就可以了。就算是偶尔失误或者是闯祸，人们也会说"傻瓜总是会犯错的"，并不会太计较。如果傻瓜说自己知道什么的话，反而会让人们不高兴。所以，如果有人说了与自己不同的想法的话，维特不会说任何话，只是咻咻地笑着。就像以前上学的时候一样，绝对不会出现与别人争吵的情况。

维特回来之后，把可乐分给了所有的人，也递给了躺在汽车下面浑身沾满了油渍的爸爸一瓶。

"你也休息休息吧。"

爸爸一边直起身接过可乐，一边对维特说。维特父子一起并排在角落里坐了下来。爸爸用心疼的眼神看着儿子的脸，最近，他流露出这种眼神的次数越来越多了。

"唉。"

爸爸一边叹了口气，一边拿出香烟点上了一根。

"我的选择可能是错误的，应该让你继续上学的。哪怕是像罗纳德老师说的一样，让你去一所特殊学校也好。"

"我喜欢这个工作，这样就可以一直跟爸爸在一起……一起了。"

爸爸黑漆漆的牙缝间慢慢地飘出了香烟的烟气。

"你现在也已经二十三岁了，可以说是最美好的年龄，并不应该在这里做这些杂活……"

"这里也很有趣啊，可以听叔叔们聊天，而且还可以学习……学习人情世事。"

"维特呀，我没有多少知识，也不知道应该说些什么，但是，嗯……你看到这里的汽车了吧？仅仅观看汽车与直接乘坐是不一样的，数百万次的观看也是无法与一次乘坐相比较的，更不能与直接驾驶进行比较了。"

"马……马克大哥还说要教我开车呢，前提是我有女朋友。所……所以，我是没有机会学习开车了。"

爸爸看着露出明朗笑容的维特，不自觉地随着烟气叹了一口气，然后把正在对面抽烟的马克叫了过来。

"喂，马克。你今天下午有预约好的修理活吧？交给我吧。"

"嗯？对我来说当然是好事儿……但是，您说吧，到底有什么事啊？应该不会是想向我借钱吧？"

"真是没意思，听说你要教维特开车？"

马克听到这句话之后，皱着眉头不耐烦地说道：

"那件事呀，我看他总是坐在驾驶座上，所以，就随口那么一说而已。他怎么能开车呢？大叔你也真是的……"

但是，爸爸接着说道：

"马上从今天开始教他吧，我会负责你以后这一个月里所有的晚上要做的工作，怎么样？"

听了这话之后，马克皱着的眉头舒缓开来，然后点了点头：

"两个月吧。但是，如果他说害怕，学不了的话，我就不管了。"

"爸……爸爸，马……马克大哥……"

没有征求维特任何的意见，事情就这样定了下来，维特在一边不知所措。

❀

破旧的福特货车在2号车道上奔驰着，由于空调不好用，所以，两边的车窗都被打开了，幸好外面的风是凉爽的。马克跟随着录音机里传出来的歌声一起哼着歌。

维特抬起手把总是随风飘动的头发向后撩了几下。只不过是握了十多分钟的方向盘而已，他的衬衫就已经被汗水湿透了。维特感觉肩膀和脖子上的肌肉都快要痉挛了，真不知道自己是用多么大的力气握着方向盘的。坐在一旁的马克实在看不下去，提议今天的第一堂课就到这里，要求把座位换过来。

安心与自责同时涌上了维特的心头。对维特来说，想要融入世界还是一件非常困难的事情，而驾驶对他来说也是一个非常大的挑战。维特透过车窗看到了山坡上教堂的尖塔，他的眼睛就像是被什么东西迷惑了一样，直勾勾地盯着山坡上的教堂。

"罗拉当时在祈祷什么呢？"

维特陷入了对过去的回忆中，不知不觉嘟囔了一句。

"什么？你刚才还祈祷了？"

没有听清楚维特的话的马克皱着眉头问道。

"啊……不是的，不对，祈……祈祷了。"

维特一个人哧哧地笑了起来，他想，幸好马克把他的话听错了，要不然追问他罗拉是谁的话，就该让人头疼了。

车子靠近教堂，维特从口袋里拿出一块糖放到嘴里，一边品尝着糖块的甜美，一边陷入了过往的回忆中。那天晚上发生的一切就像是昨天的事情一样栩栩如生，轻柔的微风、被夕阳染红的天空、在夕阳下面祈祷的少女……那时的风景就像是用雕刻刀刻在了维特的内心深处，一切都那么清晰，历历在目。维特的心中留下了对罗拉恳切祈祷的内容的好奇，说不定正是因为那个没有解开的谜，才让维特记忆里的画面那么耀眼。直到现在，只要一想起当时那一幕，维特的心脏还会怦怦直跳。

"好的记忆需要每天都回想一下，因为傻瓜是很容易把记忆遗忘掉的。"

如果人在死的时候只能带走一个记忆的话，维特已经决定了，他会毫不犹豫地选择那个瞬间的记忆。

维特看着渐渐远去的教堂，心里暗暗地感谢上帝能够让他拥有如此甜蜜的记忆。

❀

到了市里之后，马克把一张皱巴巴的一美元纸币递给了维特。

"喂，傻瓜，你去给我买个冰激凌吧。我这个教练快要热死了，看到马路对面那个冰激凌店了吗？"

马克用手推着维特的后背，把他推到了车外面。维特缩着肩膀向冰激凌店走去，虽然爸爸总是让他在走路的时候抬头挺胸，但是，他发现那并不是一件容易的事情。

"应该把帽子带来的。"

三个小孩子坐在商店门口的椅子上吃着冰激凌，看上去只有九岁左右。就在维特经过他们身边走进商店的时候，身后传来了孩子们的叫声：

"哇！是傻瓜维特！"

虽然是炎热的桑拿天，但是那一瞬间维特突然感觉后背凉飕飕的。

"听说你的 IQ 只有 73，是真的吗？"

孩子们指着维特哈哈大笑着，甚至连手里的冰激凌化掉了都不知道。

"我搬到这里之前，我们的小区里也有个傻瓜，每天晚上都会咕咕地叫着。"

"为什么每个小区里都会有个傻瓜呢？"

"真的是太神奇了，哈哈。"

就在这个时候，体格最健壮的一个孩子朝着维特走了过来。

"听说你也是吃了蜥蜴之后变成了傻瓜的？"

"不……不是的。"

"那么，你是被蝎子蜇了头吗？"

"不……不是。"

"什么不是啊！"

啪！体格最健壮的孩子用脚踢了一下维特的屁股。看到维特摇晃了几下之后，其他的孩子好像觉得很有趣一样，抬起脚踢了几下维特另一边的屁股。

"哈哈！"

孩子们大笑起来。就像是因为他们第一次打大人，所以感觉到了某种快感。维特的屁股被踢了很多下，就在这个时候，有人就像打沙袋一样，用拳头打了一下他的肋骨。对于一个孩子来说，力气已经非常大了。维特最终瘫在地上坐了下来，大大小小的拳头和脚从四面八方飞过来。维特用双手捂着脸呻吟着。

"你们在干什么！"

就在这个时候，传来了一个女人的声音。孩子们吓了一跳，然后停了下来，接着就像麻雀一样四散逃跑了。等到孩子们的脚步声消失，维特才感到安心。

"喂，你没事儿吧？"

"没……没关系，我没……没关系。"

维特就像是习以为常，轻轻地拍了拍裤子上的泥土，然后慢慢地站了起来，抬起头，带着一脸呆呆的表情看向了拯救自己的声音发出的源头。看到那个女人的脸，维特当头一棒：

"啊，罗……罗拉！"

高贵的目标

罗拉每周都会去瑞秋老师家两次，她以瑞秋老师搜集的资料和原稿为基础整理成文章，然后，她们两个人再讨论、改进。因为她们两个人都要工作，所以有时候会觉得很累，但是，录音机愉快地转动着，桌上的茶冒出蒙蒙的热气，屋子里总是笑声不断。

"你要不要读一读这个？"

瑞秋打开报纸，然后递给了罗拉。在报纸的咨询栏里刊登了一位叫作史密斯的金融家的故事。

从小就聪颖过人的史密斯毕业于名牌大学，在父母的劝说下，到金融公司工作的史密斯可谓是事业一帆风顺，很快就变成了高薪阶层。对于他来说，高级的意大利西装、直接从欧洲购买的跑车、长岛的别墅、漂亮的夫人以及用充满了憧憬的眼睛看着他的人们的视线，就是他生活的意义。

　　但是，前不久，史密斯因为一次错误的交易给公司造成了巨大的损失。幸运的是，公司原谅了他的失误，但是，他却无法原谅进行了如此愚蠢的交易的自己。他对自己非常失望，渐渐地，他对任何事情都没有了自信。而且，公司还出现了比他年轻、帅气又有能力的竞争者，所以，他陷入了严重的自卑中。史密斯就像一个跟踪狂一样，监视着竞争者的一举一动。有时候，他甚至还会设计一些想要把竞争者赶走的阴谋。但是，越是讨厌竞争者，他就越感到自责。在浴室里看着镜子里的自己，他像孩子一样大声地哭了起来。

　　"真是什么事情都有啊，了不起的华尔街人竟然认为自己很寒碜。"

　　"任何人都有自己的苦恼。史密斯丧失了自信，对他来说，学历和经济能力就是他自信的源泉。但是，经历了巨大的失败，出现了比自己的背景更好的人之后，他的自信就开始急剧地萎缩。其实，越是这样的人，自卑情结就越严重。例如，那些把自己的外貌看作优势的人，当他们遇到比自己漂亮、年轻的人的时候，就会垮掉。自信绝对不是来自外在的。罗拉，你再看看这个怎么样？"

瑞秋老师从收集资料的箱子里拿出了一张照片放在了桌子上。看了照片之后，罗拉的脸一下子变得热辣辣的。照片上是一些赤裸身体的男人在前行。

"这些人是印度的耆那教的裸体修道僧，他们亲自去实践无所有的精神，进行苦苦修行。虽然，有的人会因为衬衫上沾着的一点污渍而觉得羞愧，但是，他们这些人即使全身赤裸也堂堂正正地行走着。因为，他们有着高贵的目标。"

"高贵的目标？"

"裸体修道僧们的人生目标就是醒悟，那是可以赌上自己整个人生的有价值的目标。醒悟、人间之爱、爱国、艺术发展、未知探究、社会贡献……有着这样高贵目标的人是不会把别人与自己进行比较的，因为高贵的目标不是比较级。最重要的是，高贵的目标可以让我们变得堂堂正正，而且还会最大限度地激发出我们的潜力。如果问它的能量有多大的话，可以说大到能够拯救一个人的生命。"

瑞秋老师从材料箱里拿出了有关维特·弗兰克尔的文件递给了罗拉。

第二次世界大战时，犹太医生维特·弗兰克尔被关押在了奥斯维辛集中营里，那是一个比地狱还要可怕的地方。无法忍受痛苦的囚犯要么自杀，要么染病，一个个的都慢慢死去了，弗兰克尔也不例外。患了斑疹伤寒的弗兰克尔整天被高烧折磨着，不停地在鬼门关前面徘徊。但是，他并没有放弃生活的希望，他有必须要活下去的理由，那就是从纳粹手上找回自己的文件，完成自己的研究。

战胜病魔的弗兰克尔开始观察被关押在奥斯维辛集中营里的囚犯。结果，他发现拥有比较有价值的目标的人生存下来的概率要更高一些。

战争结束之后，他以在集中营里的经历作为基础，开发出一种叫作意义治疗（Logotherapy）的存在分析式的心理治疗，为心理治疗的发展做出了巨大的贡献。后来，他曾经说过这样的话：

"就算是赌上自己的人生也愿意去追求，这就是有意义的生活。"

读完了文件的罗拉抬起头看了看瑞秋老师。就像印度裸体修道僧们的"醒悟"目标、维特·弗兰克尔的"心理治疗的发展"的目标一样，瑞秋老师有想要"在世界上传播自信的力量"的目标。高贵的目标是只有那些心中充满了爱的人才能拥有的。罗拉陷入了沉思中。向着高贵的目标前进的人们在不知不觉中就会变成高贵的人。罗拉也想成为像瑞秋老师一样美丽的人。

"我们今天就到这里吧？"

客厅里出现了手电筒的灯光，好像瑞秋老师的丈夫和孩子们回来了。罗拉整理了一下资料，然后站了起来。

"啊，对了，我在前几天的时候见到了维特。"

"维特·弗兰克尔？"

"不是，是维特·罗杰斯，曾经在我们学校上学的……想起来了吗？"

听到维特的名字之后，瑞秋老师非常着急地询问起了他的情况，这是罗拉完全没有想到的反应。

"详细的情况我也不清楚，我见到他的时候，他正被小区里的一些坏孩子欺负，我只是跟他打了个招呼就离开了。"

"你能不能帮我打听一下维特的联系方式啊？"

虽然不清楚原因，但是，在瑞秋老师的脸上满是惋惜与恳切。罗拉不自觉地点了点头。

❀

一周之后，罗拉开车来到了格雷罗修理厂，因为维特曾经告诉过她自己在那里工作。罗拉在电话号码本上找到了维特的家庭住址之后，一边问路，一边去找他。

虽然经历这些困难去找维特是为了完成瑞秋老师的拜托，但是，这并不是全部的原因。十年之后在冰激凌店前面见面的那一天，罗拉对即便长成大人了却还被孩子们欺负的维特非常生气。所以，那一天她仅仅是问了句他的近况就离开了。但是，罗拉的心里却一直挂念着维特，到底是为什么呢？罗拉也不知道原因，总想对维特发火。十年之前是，十年之后偶遇之时也是。

"你很漂亮……"

直到现在，罗拉也依然清晰地记得十年前那天晚上维特的声音。十年前的那个夜晚，维特对自己说过的话要比任何句子都强烈地留在了自己的内心深处。偶尔觉得自己很没出息的时候，那句话就会从记忆深处蹦出来，像魔法一样安慰着她。

"他为什么会说那样的话呢？他应该不是会嘲笑我长得难看的人。不对，应该说，他是不会进行那么复杂的思考的。"

当时，维特的表情非常单纯，根本不像是在开玩笑。反正只要想起那件事情，罗拉就像是有人偷看了自己的日记本一样，脸上火辣辣的。但是，她很快又摇了摇头。那应该是维特随口一说的一句话而已，他肯定早就忘记了自己说过的话，说不定连那天他们见面的事情也忘得一干二净了。

"我，是来找维特·罗杰斯的。"

罗拉把车停在修理厂前面，向一个看上去长得像南美人的年轻男子问道。他上下打量了一下她之后，对着马路对面的旧货车大声喊道：

"喂，维特！傻瓜维特！有人找你！"

过了一会儿,从对面的旧货车里面露出了维特的脸。罗拉穿过马路，向着旧货车走了过去。看到走过来的人是罗拉之后,维特的眼睛瞪得大大的,简直快要掉出来。

"罗……罗拉，你……你怎么来了……"

维特一时有些不知所措，过了好一会儿才把罗拉带到了旧货车前面的长椅上。在长椅的一端乱七八糟地堆着一些零碎的东西。

维特急急忙忙把它们收拾好，然后放在了旁边的箱子上。在这堆乱七八糟的东西中间，有两个像门把手一样的东西。维特看到罗拉一直在盯着看,便急忙解释说：

"是跳……跳绳。"

"跳绳？但是绳子在哪里呢？"

"这……这是……没有绳子的跳绳。"

维特就像是想要炫耀什么的孩子一样羞涩地笑着。看到罗拉满脸都是不解的表情之后，维特两手拿起把手跳了起来。看着罗拉一脸慌张的表情，维特不好意思地挠了挠头。

"对不起……"

箱子里面堆满了各种各样的杂志和书籍，虽然也有一些漫画书和小说，但是大部分都是与科学和计算机相关的书籍。罗拉为了考一考维特，随手拿起了离自己最近的《不列颠百科全书》。翻开书本之后，她发现每页上都画着一些标注线。

"你不会是把二十四本《不列颠百科全书》全部都看完了吧？"

"这是我从旧货铺那里得到的，第二十一本没……没有读过。可能是主……主人在扔书的时候忘记扔掉了，不对……也可能是把第二十一本弄丢了……所以才没有扔出来。"

"你为什么要读这些书呢？"

"没什么，就是因为……因为很有趣……"

维特可能是害羞，所以一直低着头说话。罗拉再次仔细看了看箱子旁边没有了边角的简易黑板。一开始，她以为上面只不过是乱写乱画的字迹或者是一些备忘录而已，但是仔细一看，她才发现是一些数学公式。

"那也是你解答出来的吗？就是因为有趣？"

"那……那个有稍微不一样的原因……"

于是，维特开始讲起了一个不太清晰的故事。

一个月前，为了帮助父亲去拖挂一辆出故障的汽车，维特和父亲一起乘坐货车在 101 国道上奔驰着。但是，一直欣赏着窗外风景的维特突然看到了有些奇怪的东西。跟其他的道路一样，101 国道路边也竖立着一个露天的广告牌，但是，在广告牌上面没有任何句子，只有孤零零的数学问题。维特很好奇，就把广告牌上面的数学问题抄写在了笔记本上，回到家里之后，他开始与抄写回来的数学问题作斗争。

"其……其实问题并……并不难，只要知道自然……

对数的底数 e 的值就可以了。但是，我把问题解……解答出来之后，才发现了真正的问题。为……为什么要把数学问题写在广告牌上呢？到底是为什么呢？到底是谁……谁制作了那个广告牌呢？虽然我想……想了一整天，但是用我的脑袋是……是无法解答这个谜题的。"

维特把胳膊肘撑在桌子上，不停地揪着头发。

"罗拉，你……你知道原因吗？罗拉，你不是大……大学毕业了吗？"

维特就像是看着救援女神一样盯着罗拉。

"这个嘛，为什么不问一问计算机呢？最近不是有一种叫作网络的东西吗？"

罗拉说出了自己都觉得没有任何诚意的答案，但是，对于维特来说，那好像是一个非常了不起的发现。维特的表情就像是发现了相对论的爱因斯坦。他把右手放在下巴上，开始围着罗拉转圈。

"对啊，网……网络，这肯定是一个网址！"

维特跑到黑板前面，用手指着正确答案。

"如果输入这些数字的话，肯……肯定会跳转到一个秘……秘密网站，就像间……间谍们接受指令的网站一样。说不定进去的话，就会知道肯……肯尼迪遭暗杀的秘密或者是关于 UFO 的真相。"

维特陷入了无尽的空想中，嘟囔着一些非常荒唐的话。要是就这样放任不管的话，说不定他们的对话就会陷入 4 次元的对话中，所以，罗拉一下子转换了话题。

"你还记得瑞秋老师吗？"

听到瑞秋老师的名字之后,维特立即发出了感叹声:

"当……当然了！她是唯……唯一一个称赞过我的老师……"

罗拉说瑞秋老师想见一见他之后，维特再次发出了感叹声，好像是因为老师的关心而备受感动。看他脸上的表情，像是想马上就要去拜访老师一样。但是，不知道为什么，他很快就泄气了，可能是想到了自己的处境，觉得害羞。

"这是老师的电话号码，如果你想见老师的话，就给她打个电话。我已经把老师的话转达完了，我现在也该走了。"

"这……这么快？"

维特不愿意就这样跟罗拉分别。虽然罗拉觉得维特这个基地很有趣，但是，她并不想在陌生的地方停留太长时间。而且，原本以为是个傻瓜的维特能够解答出很难的数学公式也让她觉得非常奇怪。她想尽快地摆脱这个奇怪的氛围。

维特一直把罗拉送到她的车停着的地方。

"罗拉，我……我有个请求，我们家没有电……电脑……"

"知道了，我帮你在地址栏里输入你说的数字试一试。"

"我们还能再……再见面吗？"

罗拉打开车门之后，维特这样问了一句。罗拉并没有直接回答，而是用微笑应付过了这个尴尬的情况。罗拉确信自己不可能再跟维特见面了，她想起了"记忆只有是记忆的时候才美丽"这句话，然后陷入了深深的回想中。

但是，在不过四天的时间里，她的预想就完全被打破了。

好奇心带来的幸运

那是一个星期六的早晨，罗拉居住的公寓里响起了轻快的敲击键盘的声音。桌子上放着瑞秋老师寄过来的原稿和选用的录音带。现在，整理原稿的工作全部都由罗拉负责。虽然罗拉也要上班，但是，她想利用周末的时间尽可能多地写一些稿子，所以，早晨很早就起床开始写了起来。

有一个正在登山的男人。太阳是那么的炽热，男人的额头上渗出了豆大的汗珠。

男人被严重的口渴折磨着，正当这时，从某个地方传来了水流的声音。穿过树丛之后，男人发现了一条溪流，他毫不犹豫地跑到小溪边咕嘟咕嘟地喝起了河水。河水是那么甘甜，就算是给他千万黄金也不会交换。解决了自己的问题，男人才一脸满足地抬起了头。但是，他的脸突然变得痛苦不堪。在小溪旁边的牌子上写着POISON（有毒）这个单词。男人为了请求帮助，拼命地沿着登山路跑着。他渐渐觉得自己的身体开始发热，甚至感觉头晕，想要呕吐。后来，男人直接晕倒在了地上。另一位登山者发现了这个晕倒在地的男人，便立即将他送往医院进行急救。听了登山者叙述的前因后果之后，医生对一直声称自己发烧的男人说：

"上周，也送来了一名喝了溪水的登山者。所以说，你没有必要担心。因为那个登山者现在非常健康。他只不过是把写着'钓鱼Poisson'的标记牌看成了'毒药Poison'而已。你是不是也看到了标记牌啊？"

听了医生的话之后，原本觉得像火炉一样热的男人的体温一下子恢复了正常。人们往往低估了精神的力量。

人们都以为精神只不过是精神而已，不会对现实产生任何影响。但是，精神可以支配行动。就像看错了标记牌的登山者一样，精神甚至会对肉体产生影响。人们会根据所相信的来决定现实。

就在这个时候，门铃突然响了起来。

"是谁呢？这个时间……"

罗拉觉得应该不会有人来找自己，父母也不会这么早来找自己的。罗拉接通了内部电话之后，传来了一个陌生男人的声音：

"请问这是罗拉·邓肯小姐的家吧？"

这个男人非常有礼貌地介绍说，自己是计算机企业 APPFREE 的人事负责人。罗拉这才想起来，四天前，与维特见面回来之后，她利用市政府的电脑在电脑的网址一栏里输入了维特拜托她搜索的数字。虽然她并不相信与广告牌有关的虚幻故事，但是，反正是只要动一动手指就可以完成的事情，就算是帮一帮他，自己也没有任何损失。罗拉输入了网址之后，屏幕上立即出现了奇怪的文字：

祝贺您在 APPFREE 的特别录用中合格了。

请留下您的电子邮箱和电话号码。

罗拉把那当作了 APPFREE 的商品广告或者是某个人的玩笑话。但是，现在看来，那好像并不是一个玩笑。罗拉打开门之后，发现门口站着两个西装革履的男人。其中一人的手里还拿着一大束花，他把花递给了罗拉。

"欢迎您的加入，我们是来接邓肯小姐去 APPFREE 的。因为您没有写电子邮箱和电话号码，只写了家庭住址，所以，我们只能这样突然造访了。"

罗拉把写"电子邮件"理解成了写"住址"就可以了，她因此又陷入了自责中。

"连这么简单的东西都弄不好……"

但是，由于电子邮件对于她和其他一般人来说，还是非常陌生的东西，所以，自己是很有可能会出现这样的失误的。罗拉这样安慰着自己，起码在这个瞬间要这样想。

罗拉急忙向他们说明了自己并不是应该去 APPFREE 上班的人。虽然很荒唐，但是，她觉得在事情变得更严重之前应该要实话实说才行。

"啊，原来如此。那么，你那位聪明的朋友现在在什么地方呢？"

罗拉差点笑了出来。维特与聪明这个单词根本就不搭边。要知道就在前些日子，他还在罗拉的面前被叫作"傻瓜"呢。

罗拉与 APPFREE 的职员一起登上车向维特家驶去。路上，罗拉问出了自己的疑问。

"我有个疑问，为什么要在大马路中间竖立一个像暗号一样的广告牌呢？如果在报纸上刊登招聘广告的话，应该会有数千人来报名的。"

"这是为了挑选特别的人才而采用的特别的方法。"

男人从公文包里拿出来了一张照片给罗拉看，照片上就是维特所说的广告牌。

"在 101 国道上，每天都会有数十万辆车经过，应该有无数个人看到过我们的露天广告牌了。但是，主动思考'为什么广告牌上会有数学问题呢？'这个问题的人并不是很多。我们的广告牌已经制作了两个月了，但是，能够登录到我们的招聘网站上的人还一个也没有。如果罗拉小姐看到了这个广告牌的话，会有什么样的想法呢？"

"这个嘛，应该会觉得就是一个广告牌而已，然后毫不关心地经过吧。"

"是的，大部分的人都是这样的，即使在自己的生活中遇到了感觉奇怪的事情，也不想去进一步了解，反而会把奇怪之处看成是理所当然。但是，那些充满了好奇心的人是不会就这么把奇怪之处忽视掉的，他们会提出问题。为什么？为什么？为什么？不管是什么时候、在什么地方都会提问的人，才是 APPFREE 想要的创造性的人才，就像维特先生一样。"

看来，他们好像对维特抱有一定的幻想。他们开始仔细询问起有关维特的情况。虽然罗拉并不是很了解维特，但是，她想在他们心里尽量为维特留下一种积极向上的好印象。

"维特还有发明东西的业余爱好。"

"他发明了什么样的物品呢？"

"比如说，没有绳子的跳绳……"

刚说完，罗拉就一下子清醒了。她看到戴着眼镜的男人的表情一下子僵住了。罗拉心想，早知道就不说这个了，她的心里不由自责。

"真是一个天才的构思啊！"

戴着眼镜的男人激动地拍了拍膝盖。罗拉怀疑自己的耳朵是不是听错了，天才构思？

"普遍人在制造某种东西的时候，只不过是在原有的基础上稍微改变一下设计或者是追加几项功能而已，只是在这一既定的区间里不停地反复而已。与此相反，天才则会把起着决定性作用的要素更换掉，并不是创造新的物品，而是创造新的价值。我的天啊！他竟然能够想出没有绳子的跳绳这样的想法，真想快一点见到你的朋友！"

他就像是从烂泥中发现了珍珠一样兴奋。罗拉觉得自己的价值观被动摇了，陷入了混乱的沉思中。在正常人的世界里被看作是傻瓜的维特，在他们的世界里竟然变成了"聪明"、"有创造性"以及"天才"人物。

罗拉实在是不知道到底哪一边才是真实的。

　　载着 APPFREE 职员和罗拉的汽车停在了格雷罗修理厂对面的房车前。正在长椅上制作什么东西的维特看到了从车上走下来的罗拉，一下子站了起来。罗拉把刚才送错了的鲜花递给了维特：

　　"维特，广告牌上真的隐藏着秘密。"

比信任要大的恐惧

"维特，你真是变成一个帅气的小伙子了，你不知道我多么想再见见你。"

　　瑞秋老师在维特向她问好之前，就一下子把他抱在了怀里。罗拉和维特一起去了瑞秋老师的家里，坐在客厅里的老师和两个弟子高兴地交谈着，连茶水凉了都不知觉。罗拉用兴奋的语调把发生在维特身上的奇异的事件讲给了瑞秋老师听，瑞秋老师一边听，一边不停地发出感叹。但是，真正的主人公维特却是一副忧心忡忡的样子。

　　"维特，你为什么要犹豫呢？"

　　"我……我没有……没有资格。"

　　APPFREE 的人事部职员说，想特别聘用维特做企划部门的职员，想让维特负责用创新性的想法开发出震惊世界的新商品的工作。虽然维特非常小心翼翼地说了自己的学历问题，但是他们说这没有任何问题。而且，这还是他们公司的会长的想法，所以，所有的选择权都在维特身上。

不光是维特没有信心，就连罗拉都有点不知所措。APPFREE 的职员看到维特不能立即接受这个所有人都想要的工作的时候，非常震惊，而罗拉看到他们的反应之后更加震惊。最终，还是罗拉站出来从中协调，希望他们可以给维特一周的时间考虑一下，然后跟维特说，请求瑞秋老师的帮助，这样才说服了他。所以，现在他们就这样坐在了瑞秋老师的面前。

"维特，你完全有资格。虽然 APPFREE 的录取考试不是用笔和纸来进行的，但是那确实是一个考试，而且你确实是合格了。"

"但……但是我……我中学都没能毕业……"

"如果 APPFREE 公司原本就是要选拔 MIT 的毕业生的话，那最初也就不会制作那样的广告牌，APPFREE 就是希望你能够去发现精英们漏掉的东西。"

维特看上去依然没有信心，只是呆呆地转动着茶杯。一直盯着维特的瑞秋老师好像突然想起了什么一样，她笑着说道：

"应该是钢铁大王卡耐基还年轻的时候吧，一直在找工作的卡耐基听说匹兹堡电信局在招聘电报传递员，所以，他立即跑到了面试场所。

"但是，他却遇到了一个问题。他并不熟悉匹兹堡的地理情况，而且他的身体很瘦弱，根本无法完成奔波数十千米传递电报的工作。但是，当他听到面试官问他什么时候可以开始工作时，卡耐基立即回答说：'现在就可以！'"

瑞秋老师看着维特的眼睛说道：

"你想一想，卡耐基当时肯定也是非常害怕的，因为他有着电报传递工作中不能有的致命的弱点，但是他依然为了抓住那个机会而鼓起了勇气。虽然没有火车票，但是先坐上火车再说。你也必须要战胜恐惧才行。"

维特就像是内心的想法被别人识破了一样，脸上火辣辣的。

"老……老师说得对，我……我……很害怕。"

"你没有错，所有人都会对未来产生恐惧。其实，人类之所以无法相信自己，最大的一个理由就是恐惧。害怕会遭到嘲笑，害怕会失败，这些都会让我们变得畏缩，变得犹豫不定。正是因为恐惧，人们才无法穿自己喜欢的衣服，无法尝试自己喜欢的事情，无法向自己喜欢的人告白。其实，我也曾经那样过。"

"老师您吗？"

罗拉和维特露出了无法相信的表情。瑞秋老师一边眨着眼睛，一边端起了茶杯：

"你们可能不相信，但是，原来的我确实是一个小心翼翼的孩子。我曾经因为害怕在学校艺术节上面演讲而逃跑过。到了十七岁的时候，我遇到了人生中的重大转折点。在我与爸爸 起坐着车回家的途中，一辆摩托车穿过中央线向我们驶来。爸爸为了避免冲撞而使劲转动了方向盘，于是，我们的车失去了平衡，冲到了马路外面。车像骰子一样转来转去，就在这样一个短暂的瞬间里，我度过的十七年的岁月就像一本厚厚的书一样在我面前快速翻过。"

瑞秋老师喝了一口茶之后接着说：

"老天保佑，我跟爸爸都没有受太大的伤，但是，那次的事件却让我有了全新的体验，那就是对死亡的体验，死亡并不是很遥远的事情。出院之后，我做的第一件事情就是去了我暗恋的男生的家里，我就在胳膊上打着石膏的状态下向那个男生告白了。不知道什么时候就会迎来死亡，所以，如果还没有来得及向自己喜欢的人告白就死了的话，多遗憾啊。"

"所以，结果如何呢？"

罗拉对瑞秋老师的恋爱故事产生了兴趣。

"遭到了非常礼貌的拒绝。从那之后，我与那个男生的关系变得非常尴尬，所以就没有经常见面了。而且，我被拒绝的消息传得沸沸扬扬，非常丢脸。你们问我当时伤不伤心？当然伤心了。但是我却不后悔，因为我已经竭尽全力了，反而在悲伤过后感到了解放感。"

"那么，您是怎么遇到现在的丈夫的呢？"

罗拉指着老师的丈夫所在的卧室问。瑞秋老师用手托着下巴，暂时陷入了对以前的回忆中：

"那还是我上大学四年级的时候，我再次迎来了爱情。我为了在那个男人面前好好表现而不停地努力着。但是，却没有收到任何的回应。随着毕业时间的临近，我也越来越焦躁，因为毕业之后就没有机会见面了。虽然，作为一个女人，要向男人告白感觉很羞涩，但是，我还是向他告白了。因为，受伤总比没能告白而后悔要好。但是，那个像木头一样呆呆的男人突然流下了眼泪。后来才知道，其实，他从大学一年级就开始暗恋我。整个大学四年里，那个傻瓜都没能跟我好好交谈过，只是自己被暗恋折磨着。因为他是一个自尊心非常强的男人，非常害怕被我拒绝。后来听他说，他准备成为像《了不起的盖茨比》中的盖茨比一样的百万富翁之后再回来找我。真是的，如果我像书中的黛西一样跟别的男人结婚了，该怎么办啊？如果我没有鼓起勇气的话，可能我们两个人只能把这份爱埋藏在心底，然后渐行渐远了。当然，也正是因为我的勇气，让我现在每天晚上都要听着像直升飞机的噪音一样大的呼噜声入睡。"

卧室里传来了瑞秋老师的丈夫如雷般的鼾声。所有的人都笑了。瑞秋老师用欣慰的眼神看着自己的两个弟子。

"交通事故之后，我的人生发生了天翻地覆的变化。我把在世界上的每一天都当作最后一天来生活，为了让每一天都没有后悔的事而努力着。你们也想象一下自己即将离开世界的那个瞬间，那些曾经失败过的事情真的会变成后悔的事吗？不会的，绝对不会！只有那些没能尝试的事情才会变成后悔的事。维特，其实我一直想见你也是因为后悔。当年，我太轻易地放弃了你，作为一个老师，我没能竭尽全力地帮助你，这件事成为了我心中一直后悔的事情。我认为，现在是上天给了我一个挽回当时的失误的好机会。"

瑞秋老师一手握着维特的手，一手握着罗拉的手说道：

"在这个世界上，并没有准备得非常完美的人，也不存在完美的环境，存在的只有可能性而已。不去尝试，是永远不可能知道的，所以，把恐惧全部扔掉，勇敢地去闯一闯吧。你们一定可以做好的，要相信自己。"

❀

从瑞秋老师家里出来之后,罗拉决定把维特送回家。在瑞秋老师的激励下，他们两个人备受鼓舞。

行驶到一半的时候，罗拉首先请求了维特的谅解，然后调转了方向。他们来到一家大型购物中心，罗拉对维特说让他在车上等她,就走进了购物中心。没过多久，她拿着一个小盒子走出来。

"给，这是送给你的上班礼物。"

维特呆呆地怔在原地，连谢谢都忘了说。

"不是什么特别的东西，要不要现在拆开来看一看啊？"

维特小心翼翼地拆开了包装纸，在箱子里面是一条红色条纹的领带。维特把领带放在了膝盖上，然后在空盒子里翻来翻去。

"你在找什么啊？"

"说……说明书。我不知道领带的系法……"

罗拉用手捂着嘴笑了。她把领带挂在维特的脖子上，帮他演示。但是，她也很不熟练，不停地系好了再拆开。每当罗拉系领带的手经过自己的下巴的时候，维特都会咽下一口水。

系好之后，罗拉把领带向下拉了一下，从维特的头顶上取了下来。罗拉把取下来的领带放到维特的手里，继续开着车前进。

维特低下头看了看变成了圆圈状的红色条纹领带。他曾经以为自己这一辈子都没有机会戴领带了，但是现在，领带就在自己的手里。现在，维特必须要到自己从没有经历过的世界里去，而且必须要把想象变成现实。维特摸着系好的领带，感到勇气倍增。

我眼中的世界

这一天的天气非常好，可以说是万里无云。以帅气的现代建筑物为背景的天空蓝得让人心动，建筑物前面的 APPFREE 公司的标志雕像闪闪发光。世界顶级的计算机公司 APPFREE，只在杂志上看到过的那所有名的建筑物，维特现在就站在它的前面。

"请进。"

人事负责人为下车之后一直站着不知所措的维特带路。在建筑物的一楼里，按照年代排列着一列与计算机有关的机器。虽然维特想要多观赏一会儿，但是同行的男人一直催促他。

他们在大厅里办完了简单的手续之后，坐上了电梯。

"我……我们这是……是去哪里啊？"

维特一边东张西望，一边问道。同行的男人亲切地回答说：

"会长正在等着我们。"

维特听到这句话的瞬间，双腿开始发抖。维特曾经在杂志上看到过有关 APPFREE 公司的创始人泰勒会长的报道，说他是开创了计算机时代的传说。

"泰……泰勒会……会长吗？"

男人一边点着头，一边回答说：

"是的，马上就带您去见泰勒会长。"

维特跟着这个男人坐上了电梯，然后在走廊里走着的时候，维特渐渐觉得自己变得很渺小，差点就要扁平得像是能贴在地面上一样。

终于走进了会长办公室，看到维特之后，一个中年男子满脸微笑地站了起来。

"原来就是你啊！解开我的谜题的人。"

那人就是泰勒会长，他向维特伸出了手，用握手来表达自己见到维特之后的高兴心情。他是维特从来没有见过的充满了自信的人，穿着也与众不同，在帅气的西装夹克下边是一条旧旧的牛仔裤，外加一双运动鞋。维特觉得那个样子就像是吃了一口柠檬一样，非常新鲜。

"欢迎你成为 APPFREE 的一员。"

虽然维特的脑海中闪现了一下自己应该先打招呼的想法，但是他的嘴里却先蹦出了奇怪的话：

"为……为什么像我这样的人……"

泰勒会长立即明白了他的意思，于是回答说：

"啊，我听说你因为自己的学历而有所苦恼是吧？但是，学历并不能代表什么。因为那只不过是这个世界的一个标准而已，并不是我的标准。"

维特轮流打量着会长的脸和会长脚上的白色运动鞋，好像有些不太明白。

"世……世界的标准不就是……就是正确的标准吗？"

"绝对不是这样的。"

泰勒会长笑着晃了晃食指，然后把食指放在胸口向下画去：

"人们都说心脏在左边。但是，实际上，心脏在人体的中间。只不过是稍微偏左一点儿而已，用一般性的位置概念来看的话，分明是在中间。但是，正是因为人们长时间以来都说心脏在左边，所以，所有人都开始这么说。即使人们上学的时候曾经在书上看到过很多次心脏在中间的人体解剖图，他们也更愿意相信那些错误的常识，而不是相信自己的眼睛。"

维特想起了很久以前自己在生物课上看到的人体结构图。但是，他完全不知道这句话与高中都没有毕业的自己为什么能够进入这家公司有什么样的关系。不管维特心里在想什么，泰勒会长自顾自地接着说：

"我们所认为的不可磨灭的科学又如何呢？虽然天才们制造出来的复杂理论看上去像是会永不磨灭，永垂不朽，但是，如果某个人发现了其中谬误，那么，那个理论就会变得一无是处，就像地心说的命运一样。所谓的科学，也只不过是一时的真相而已。我并不清楚在某个领域中是否存在着不可动摇的绝对真理，但是，我能够确定的一点是，在思想的世界里是不存在任何绝对真理的，我自己就是真理。"

维特觉得自己的脑海中变得更加复杂了。泰勒会长也好像看透了维特内心的想法一样，紧紧盯着看上去紧张不已的维特的眼睛，看过了一会儿继续说：

"但是，大部分的人都会让自己去配合世界的标准，学历、职业、时尚、汽车……甚至连选择自己的人生伴侣的时候，也是如此。虽然他们会因为自己配合着时代潮流生活而安心，但是也会因为自己被世界的标准牵着鼻子走而感到不快。带着这样的想法是不可能制造出创新性的东西的。如果想要引导时代发展，就需要跟随自己的标准去行动，而不是世界的标准。不是跟着别人制作的路标前进，而是必须要竖立自己的路标才行。"

维特仔细想了想自己是否有"属于自己的标准"，但是他什么都想不起来。

"我……我没有那样了不起的宝……宝物。"

维特就像是站在棒球卡片商店前面，翻着空口袋的孩子一样垂头丧气。

"不是的，属于你自己的标准已经在你的内心里了。关键在于你是否会选择跟随自己的标准。"

"您是说相……相信自……自己吗？"

维特想起了瑞秋老师曾经说过的话，并且说给了泰勒会长听，泰勒会长听了之后用力地点了点头：

"就是这个意思。就算你走的路与世界的标准有所不同，只要你能够相信自己，那么，总有一天会有人发现你这颗宝石的。就像我现在发现了你的潜力一样。但是与此相反，如果连你都无法相信自己的话，那么任何人都不会相信你。"

维特咽了咽口水，默默地在心里想。

"必须要确立自己的标准才行。就算是全世界的人都嘲笑你，你也必须要相信自己。我们必须要在广阔的原野上竖立起自己的路标，只有这样才能够前进。当然，这需要有非常大的自信才行。我真的可以成功地完成这么了不起的事情吗？"

"维特·罗杰斯。"

泰勒会长把他那双厚实的大手放在了维特的肩膀上。

"你只不过是没有机会施展才华而已。你可以做到的，我很清楚。"

他笃定地看着维特，维特感觉自己也被炽热而又高贵的热情感染了。所有的不安就像魔法一般消失不见。此刻，他的心里充满了想要取得成就的欲望。

从会长办公室里走出来的维特就像是被催眠的人一样嘟囔着：

"我……我的标准……相信我……我自己。相信我自己。"

❀

维特盯着刻着自己名字的工作证，觉得非常神奇。

"在公司里面必须要一直戴着工作证，而且，你很快就可以拿到自己的名片了。"

结束了与泰勒会长的会谈，所有的事情进行得都非常顺利。APPFREE 公司不仅为维特提供了工作证和名片，而且还为他提供了临时居住的宿舍以及最新型的计算机。其中，最让维特兴奋的就是写满了各种保障条目的医疗保险，终于能够带爸爸去看牙了，维特决定要暂时隐瞒这件事，等到爸爸过生日的那一天再告诉他。

"在牙科举办一个生日宴会怎么样？爸爸应该会非常吃惊吧。"

维特每天晚上都会一边想象着爸爸整齐的牙齿，一边满脸笑容地进入梦乡。但是，问题是白天虽然在上班途中把工作证挂在脖子上时，就像是获得了金牌一样高兴；但是，一旦进入办公室，金牌就立刻变成沉重的铁链一样，让他不自觉地低下头。与其说维特在业务熟知方面不如别人，倒不如直接说他对业务一无所知。他每天就像是办公家具一样，静静地坐在靠窗的位置上。静静地坐着让他非常尴尬，当然，其他成员看着他静静地坐着，也非常困惑。

小组的成员们就像是羊群遇到陌生的猴子一样不知所措。突然有一天，一个不知道是什么身份的年轻人作为特别录用的职员从天而降。特别录用的职员没有学历，也没有经验，行动也有些奇怪。但是，他们不能随便对待他，因为他是泰勒会长直接选拔的人才。

"你们不觉得那个叫维特的特别录用职员有些奇怪吗？"

"是有一点儿，但是，既然是泰勒会长直接选拔的人才，是不是有我们不知道的什么才能啊？听说会长对他的期待非常大呢。"

自从偶然听到了职员们的窃窃私语，维特就下定了决心。虽然他不相信自己有什么特别的才能，但是不管用什么样的方式，现在必须有所行动了。最重要的是，他并不想让那么相信自己的泰勒会长失望。

※

"思考一些点子、主意，那就是维特先生你要做的工作。"

维特那一组的组长说维特要做的工作只有这一件事。

"想……想出了主意之后应……应该怎么办呢？"

"然后写成企划书提交。"

"企……企划书应……应该怎么写呢？"

组长听了他的问题之后，不耐烦地说：

"写得让傻瓜也能看懂就可以了！"

瞬间，维特就像是被别人看穿了自己的本质一样，觉得脸上火辣辣的。但是另一方面，这句话也让维特舒服了很多。反正就算是想要写得很复杂，自己也没有那个能力。

从第二天开始，维特就拿来了一个厚厚的笔记本，开始把自己的空想写在纸上。维特认为，如果就是做这样的事情，没什么问题，因为他平时也经常这样做。只要是产生了"如果有这样的物品的话就好了"这样的想法，维特就会坐在修理厂的角落里或者是旧货车车厢前面，拿出自己随身携带的小册子，在上面画一些设计图。那是目前为止维特玩过的唯一的游戏。但是，在 APPFREE 里竟然给他时间让他玩"游戏"，如果有什么不明白的，还可以向很多人询问，而且还会给他钱。维特就像是在上课时间偷偷画漫画的小朋友一样，全神贯注地在笔记本上描绘着自己的想法。

"这是什么？"

"企……企划书。"

过了一个月左右，维特用颤抖的双手把自己的笔记本放在了组长的桌子上。组长看着画着小熊维尼的笔记本封面，惊讶地张大了嘴巴。他慢慢地翻开了笔记本的第一页，看到维特歪歪斜斜的图画之后，再次张大了嘴巴。

"我……我画了傻瓜都能够看懂的图……图画。"

"唔……"

组长看上去好像不满意，开始皱着眉头翻看着笔记本。维特怀着期待和担忧的复杂心情，观察着组长的脸色。组长原本毫无表情的脸上开始露出了不满意的神色，很快又露出了一丝冷笑。从笔记本的中间部分开始，组长都是仅仅在低头看而已。

"这与跟踪球很相似啊，市场上已经积压了很多了。拼图游戏？你觉得这与 APPFREE 公司相配吗？发声的键盘？计算机的键盘是一般的键盘吗？又不是小孩子的玩具……"

哗啦，哗啦，哗啦！组长就像是翻动着电话号码簿一样，快速地翻动着维特的笔记本。维特的自信也越来越少。

"你是想炫耀一下你这些不成熟的想法吗？那么，你去加入那些业余的发明俱乐部吧，这里不是你的游乐场！"

办公室里响起了组长的高喊声，职员们开始一个两个的把头探出自己的格子间。维特全身都是冷汗，觉得自己就像是被脱光了一样，屈辱与羞耻的感觉涌上心头，内心某处像是出现了一个巨大的洞。自己的想法遭到侮辱让维特觉得比自己本人受到侮辱更心痛。

"我的标准就这么差劲吗？"

"我在走廊里听到这里很吵，发生了什么事情吗？"

维特听到了办公室变得乱哄哄的，回头一看，发现泰勒会长正朝着这边走过来。

"我们现在正在谈论与维特先生的企划书有关的事情，我觉得会长您也应该看一看。"

组长就像是一个向老师告状的、令人讨厌的同班同学一样，把维特的笔记本拿到了泰勒会长的面前。泰勒会长扬起一边的眉毛，用眼角的余光看了一眼维特之后，接过了笔记本。

"哈哈。"

泰勒发出了笑声。听起来有些像是嘲笑,但又不像。从笔记本的中间部分开始,笑声渐渐弱,最后转变成了沉默。泰勒会长盯着一张图画看了很长时间,办公室里回旋着尴尬的、沉默的氛围。

"这是什么?"

"写……写生簿计……计算机。"

"你能详细地说明一下吗?"

"也……也就是说……"

维特看了一眼泰勒会长的脸色,接着说道:

"就像是在写……写生簿上画……画画一样,直接用鼠……鼠标笔或者是手指进行输入的计算机。可以像写生簿或者是笔记本一样随身携带,也可以躺……躺在床上使……使用。"

看到泰勒会长对维特的主意感兴趣,组长插话说道:

"可能其他的公司已经申请了专利权了。"

"你确定吗?"

组长一下子像是哑巴吃黄连一样,无话可说了。

泰勒会长与维特就笔记本上的内容展开了热烈的讨论，他们两个人就像是从仓库里找到了非常稀奇珍贵的棒球卡片的孩子一样。

"不用敲击键……键盘，用声音操作的计算机也……"

"嗯……那也应该非常有趣。那么，下面就让我们正式开始这个有趣的话题吧。"

泰勒会长把手放在了维特的肩膀上，然后就像一对亲密无间的朋友一样并肩走出了办公室。组长呆呆地看着两个人离去的背影。

❀

那天，维特有幸在泰勒会长家里与会长一起享用了美味的晚餐，这个消息在第二天就传遍了整个 APPFREE 公司。

"昨天会长对你说了什么话啊？"

维特刚来上班，组长就凑过来询问。

"我我……的……"

维特深吸了一口气，挺起胸脯说道：

"让我跟……跟着自己的标准前进。"

组长没有理解维特这句话的意思，但是，他能感觉到他们两个人之间进行了非常重要的对话。从那之后，维特笔记本上的一张图画变成了企划部里的一个长期项目。

人生的第一次选择

这么长时间以来，罗拉一家难得全家聚在一起吃饭。这段时间，一直找借口没有参加家庭聚会的罗拉没有拗过妈妈的劝说，也回到了家里。家里的氛围跟她预想的一样，爸爸翻看着报纸上刊登的大大小小的事件。

"爸爸，为什么失业率的升高都是我们的错呢？"

"正是因为你们的无能，才让外国人抢了你们的工作。汤米，你也要打起精神来。"

"我很清醒。"

"是吗？清醒的家伙现在会在沃尔玛超市当收银员？比尔·盖茨像你这么大的时候都已经制造出 DOS 了。你这个小子！"

看到氛围变得冷飕飕，妈妈立即转了话题：

"罗拉，想见你一面真不容易，最近都在忙什么？"

"嗯，我在写文章呢，而且很快就要编写成书出版了。"

听了罗拉的话，妈妈和弟弟露出了既惊讶又高兴的表情。

"你真棒！"

"哇，真厉害！"

罗拉一边切着牛排，一边耸了耸肩膀。妈妈和弟弟对她的书非常感兴趣，提了很多问题。虽然她并不习惯被别人关注，但是，被别人关注的感觉还是不错的。直到爸爸把这个愉快的氛围打破。

"哼，那要等书真正出版了才知道。如果所有的事情都能按照计划顺利发展的话，为什么不是所有人都能变成百万富翁呢？"

妈妈听了之后，使劲掐了一下丈夫的手背：

"老公，你不知道祸从口出这句话吗？"

"我只不过是让她更现实一些而已，谁会花钱去看一个市政府的临时职员写的书呢？"

"是我跟瑞秋老师一起写的书。"

"那个女人又是谁啊？"

虽然饭吃了还不到一半，但是罗拉已经没有了胃口。

"听起来好像是两个女人为了打发空闲的时间而写几篇文章玩玩，如果真的是这样的精神状态的话，肯定没门儿。如果真的想做的话，就像模像样地去做，如果不是的话，干脆……"

"你不用这么说，我也准备好好去做。"

罗拉一边放下叉子，一边说道。

"你这是什么意思？"

"我决定辞掉市政府的工作。"

罗拉仿佛宣战一样，一字一顿、淡定地说。妈妈和弟弟瞬间瞪大了眼睛，爸爸用拳头打了一下桌子说道：

"你是不是犯糊涂啊？经济这么萧条，还辞职？你要仅仅凭借写稿子来维持生计吗？你认为你有那样的能力吗？不要做白日梦了，你还是好好想想怎样才能成为正式职员吧！"

"已经晚了，我已经递交了辞呈了。"

罗拉一边笑着，一边擦了擦嘴角。爸爸露出简直不敢相信的表情，不停地摇头。罗拉内心里感到非常痛快。终于第一次踏上了自己选择的道路。

✿

"我现在可以把所有的精力都用在写稿子上了。"

走进瑞秋老师家之后，罗拉把这个令人兴奋的消息转达给了瑞秋老师。罗拉坐在沙发上，就像一个做梦的少女一样高兴地说道：

"我以后想写童话，我一直喜欢有趣而且能够给人带来温暖的故事。我想写一些像《小王子》、《查理和巧克力工厂》一样的大人们也可以读的童话故事。"

"你真的辞职了吗？"

罗拉慢慢地点了点头，她以为自己肯定会受到称赞的。但是，瑞秋老师却露出了很为难的表情。

"其实，我们现在遇到了一个小问题。原本决定给我们出书的出版社破产了。"

罗拉就像是被泼了一身冷水。

"但是，你也不要太担心，我现在正在联系纽约的出版社。"

瑞秋老师说一切都会变好，让罗拉安心。但是，那之后很长时间，罗拉等待的好消息都没有传来。

过去的束缚

"到你了，维特。"

　　那是一个星期一的早晨。在会议开始之前，职员们决定用简单的游戏来赌买咖啡。今天的游戏是堆积木，维特在摇摇欲坠的积木塔上面又放了一块，积木摇摇晃晃了一会儿之后哗啦啦倒塌了，同时传来了同事们的笑声。维特挠了挠脑袋，由于维特一直没有什么朋友，所以，他根本不知道玩游戏的诀窍。其实，维特根本不在乎输赢，能够这样玩游戏已经让他觉得很神奇了。

　　"把这个游戏变成计算机游戏怎么样啊？"

　　"维特病又犯了，以后再想吧，现在先去把咖啡买来吧。哈哈。"

　　维特一边羞涩地笑着，一边走了出去。虽然他把积木弄倒了，输掉了游戏，但是，这要比自己一个人在想象中跟朋友们一起玩要好玩很多。维特对 APPFREE 里的生活非常满足。在这里，不会没有理由地被别人欺负或者是戏弄，还可以跟同事们一起吃午饭。最重要的是，可以得到别人的认可。虽然因为害羞而没有跟任何人说过，但是维特有时候会觉得自己偶尔会变成非常重要的人。每当有这样的感觉的时候，维特就会产生自己可以完成任何事情的自信心。

"说不定那个也是可以完成的。"

维特在通往公司内部的咖啡厅的走廊里停了下来，在墙上贴着一张"保龄球小组对抗赛"的海报。维特想象着自己成功地打出"全中（strike）"之后，小组成员们一边欢呼，一边拥抱自己的场景，嘴角流露出了神秘的微笑。维特模仿着海报中模特的样子，然后在走廊的地毯上扔出了想象中的保龄球。

"傻瓜维特！"

从某处传来的声音让维特一下子僵住了。维特打了个寒战，就像是听到了嘭的一声枪响。伸着胳膊摆出打保龄姿势的维特慢慢地抬起了头，在前面不远处站着一个穿黑色西装的男人，他正快步向这边走过来。

"喂，你是傻瓜维特吧？"

维特仔细看了看穿黑色西装的男人，虽然脸变成了四方形的，但是维特还是一眼就认出了他。他就是那个偶尔会跟罗纳德老师一起在维特的梦中出现的人。

"达……达夫？"

达夫咧着嘴笑着，露出了雪白的牙齿，他并没有跟维特握手，而是拍了拍维特的后背。虽然力量并不是很大，但是维特还是摇晃了两下。

"你……你怎么来这里了？"

"我是这次被录取的新职员啊。"

达夫高兴地耸了耸肩膀。他的一只手里拿着一个对讲机，但是，他悄悄地把对讲机藏到了身后。

"虽然我现在是保安要员，但是，很快就会被分配到企划组的，APPFREE 早晚会认识到我的真正价值的。你是来送比萨的吗？看在我们同学一场的分上，这次就先原谅你了，但是下次再进来的时候，一定要得到我的允许，知道了吗？"

达夫一边吓唬维特，一边用对讲机戳了戳维特的肚子。但是，达夫感觉自己碰到了什么硬硬的东西，于是低下了头，他就像是确认迷路的小狗脖子上的名牌一样，把维特脖子上的职工卡拿了起来。达夫仔仔细细地查看了看维特的职工卡，然后无法相信地，使劲揉了揉眼睛。

"傻瓜维特，你怎么会？"

"我……我……还有事儿，所以先走了……"

维特就像是逃跑一样，迅速地拐过了走廊的拐角。他的心脏剧烈地跳动着，维特紧紧地靠在墙上，希望罗纳德老师快一点儿出现，那样的话，就可以说明这只不过是一场噩梦而已了。但是，维特期望的事情并没有发生，这是一个比噩梦还要残酷的现实。

❀

在很长一段时间里，维特和达夫都相安无事。维特为了不跟达夫碰面，故意调整了上下班时间，没有什么事，也绝对不会走出办公室。但是，并不是任何时候都能够躲避过去的。一周之后，维特在公司的餐厅里见到了达夫。

"我上学的时候，我们班里有个傻瓜，你们知道他的 IQ 是多少吗？ 73。所以那个家伙的外号就是海豚，咕咕！"

人们听到达夫栩栩如生的描述之后，全都哈哈大笑起来。虽然反应没有以前上学的时候那么热烈，但还是很大的。

"世界上到处都有傻瓜。"

不知道是谁附和了一句。在对面等着点餐的维特的后背上不停地淌着冷汗，他最终还是放弃了吃午饭，安静地走出了餐厅，每走一步都觉得如履薄冰一样。他无论如何都想摆脱这种不安感。

那天，维特把达夫叫到了露天的休息室里。

"你……你这段时间……过得怎么样啊？"

"当你虚度时光的时候，我在大学里学习啊。"

"警……警卫的工作还做得来吧？"

"我都说了不是警卫，是保安要员！喂，就你还想无视我吗？"

"对……对不起……我不是那个意思。"

"赶紧说重点。"

"我……我有个请求……以前学校的事情帮我保……保密，好吗？"

"什么事情啊？"

达夫假装什么都不知道。维特实在是没有办法亲口说出来。达夫看到维特在犹豫，然后不屑地笑了起来，跟那个时候在学校里一边叫维特"傻瓜"，一边打他的后脑勺的时候的表情一模一样。维特紧紧地咬了咬嘴唇，然后默默地转过了身。

"喂，你不觉得有什么不对吗？"

身后传来了达夫的声音。

"你呀，其他的人为了进到这个公司都拼命地积累着学历和经验，进行激烈的竞争，但是你却简简单单就进来了。应该仅仅是运气好而已，你觉得你跟APPFREE合适吗？虽然我不知道你这段时间以来是怎么骗过别人的，但是你应该明白，谎言迟早是会被揭穿的。"

✿

那一天之后，维特经常被噩梦折磨。在梦里，罗纳德老师来到他的办公室，当着大家的面，揪着他的耳朵把他拉出办公室。

"大家这段时间以来都被骗了，这个家伙是个低能儿！"

罗纳德老师把学校的成绩单和写着 IQ 分数的纸扔得到处都是。虽然一直都是相似的梦境，但是，维特每一次都会吓得在床上尖叫着醒过来。

噩梦也会对现实产生影响。维特害怕自己的过去被别人发现，每天都战战兢兢，身心都变得很畏缩。就算是坐电梯的时候按一下按钮，都会觉得像是犯罪一样，或者是会给别人带来危害一样，甚至觉得可能会遭到别人的嘲笑。最重要的是，他的疑心越来越重：不是对别人的怀疑，而是对自己的怀疑。

"我的想法要是被别人嘲笑怎么办啊？"

"有些事情会不会是别人都已经知道了，只有我自己不知道呢？"

"我可以做好吗？连中学都没能毕业的我可以吗？"

自从维特开始对自己产生怀疑之后，他的大脑就突然变得像是干涸的泉水一样，什么主意都想不出来了，就好像是突然之间不会投球的投手一样。尤其是到了会议时间，维特就会变得坐立不安。

"维特先生，你觉得这些企划案里面哪一个比较好呢？"

"方案 A 很好……方案 B 也可以……方案 C 也不错……"

"你这是什么回答啊？"

"对……对不起……"

"什么？能不能大点声音啊？"

维特渐渐丧失了自信，说话也更加结巴。每当看到别人笑的时候，维特都觉得他们是在嘲笑自己。尤其是看到两三个人聚集在一起窃窃私语的时候，他的心脏更是会剧烈地跳动。

"他们不会是在说我的坏话吧？"

维特努力地想要忽视这些，但是奇怪的是，不管是去哪里，他都会看到人们三三两两地聚集在一起，低声议论着什么。如果说他们是在说某个人的坏话，也太有激情了。就像是冥想和素食流行的时候一样，现在 APPFREE 里面，窃窃私语好像已经非常流行了。职员们都像是感知到了暴风雨的野兽一样，不安地谈论着什么。叽叽，喳喳，叽叽……听上去就像是定时炸弹的定时器发出的声音，笼罩着一股不祥之气。所有人都被不安笼罩着，不安就像气球一样渐渐上升，最终还是爆炸了。

❀

APPFREE 公司的大厅里站满了人，职员们都在盯着布告牌，甚至连上班打卡都忘记了。布告牌上贴着一张公告，维特一下子害怕起来，他担心会不会是对自己的揭发文。维特分开人群走到了公告前面，做好了准备之后，他开始慢慢地读起了公告上写的内容。幸运的是，公告的内容并不是他所预想的那样，但却是比他预想的更具冲击性的内容。整个大厅里的人都在议论纷纷。

"太不像话了，泰勒会长竟然被辞退了！"

"怎么可能被自己创立的公司扫地出门呢？"

所有人都是一脸不相信的表情。直到这个时候，维特才明白了人们为什么一直在窃窃私语。APPFREE陷入了危机中，看来马上就要采取特殊措施了。职员们都在猜测到底会采取什么样的措施，但是都没有想到特殊措施是辞退泰勒会长。

"结果还是中了革新的诅咒。"

维特听到了身后职员们的对话。

"革新的诅咒？"

"就是'革命性的新商品的90%都会失败'的理论呀，不管是多么具有革新性的想法，在市场上能够取得成功的可能性也不到10%。虽然泰勒会长非常超前，但是，怎么说呢，可能是太沉迷于自己的世界中了。"

"原来这就是梦想家的局限性啊。"

几天之后，大股东们正式表明了立场。免去泰勒会长 CEO 职位的理由跟维特在大厅里听到的差不多，主要原因就是因为泰勒会长太过于超前的梦想家想法以及极其冒险的精神，而且又非常固执己见。

所谓的成功法则太虚妄了。直到前不久，泰勒会长的冒险精神还是成功法则，但是转眼间就变成了失败的代名词。人们都只相信眼前的结果。

"泰勒会长说过要相信自己，然后去冒险。但是，会长就是因为这个原因而失败了。连泰勒会长都失败了，那么，像我这样的人真的会成功吗？"

泰勒会长的离开不仅给维特留下了心理问题。而且，泰勒会长这个可以保护自己的盾牌离开之后，维特就像是没有了线的风筝一样。新的经营团队决定对正在进行的项目重新进行商讨，维特的项目全都泡汤了。职员们对待维特的态度也渐渐开始发生变化，就像是对待前主人丢弃的可怜衣柜一样。

有一天，组长把维特叫到了办公室。

"也没什么大事儿，只不过是现在公司里有一个奇怪的传闻。"

"传……传闻？"

"当然，传言不可能是真的，但是，只有确定一下才能够消除大家的误会，对不对啊？"

"您……您说的话是什么意思啊？"

"那我就开门见山地对你说了。"

组长交叉着双手说道：

"你有没有进行一下 IQ 测试的想法呢？"

维特一下子变得精神恍惚，他甚至产生了一个错觉，感觉自己像是双手被捆绑着，然后掉到了井底一样，一下子让他想起了自己凄惨的童年。

"其实，我对流言蜚语和 IQ 等并不在意，如果是平时的话，听听也就算了。但是，由于现在处于非常时期，而且新的经营管理者下达了经营合理化的指示，意思就是说，如果想留在这里的话，就必须要证明自己有资格。"

维特什么都听不见，就像是赤裸裸地站在别人面前一样，羞耻心让他只是僵硬地站着，一动也不动。

谈话结束之后，维特就像僵尸一样慢慢地走出了组长的办公室。他的双腿瑟瑟发抖，自己都不知道是怎么走出来的。

"还有很长时间才下班呢，你这个傻瓜。"

维特看到了前面的达夫，但是维特并没有理他，而是径直向前走去，但是达夫拿着对讲机跟在他后面走了过来。

"我这段时间里对你做了一些调查，不要觉得心情不好，因为这是我作为保安要员的义务。"

"散布谣言也是你的义务吗？"

达夫一下子无话可说了，然后尴尬地干咳了两声。

"咳咳，我也不清楚。但是，你奇怪的地方可不止一两个啊。泰勒会长喜欢你的主意这一点就很奇怪，你能够坚持四个月也很奇怪。但是，真正让人不理解的是那个广告牌，到底是谁帮你解答了广告牌上的数学问题啊？你身边不都是一些修理厂的傻瓜吗？"

就在达夫说话的瞬间，维特使劲推了他一下。虽然达夫长得人高马大，但还是一下子倒在了走廊里。

"喂，你疯了吗？"

达夫一边生气地说着，一边慢慢地站了起来，他看到维特朝他跑过来，觉得非常惊慌。

啪！维特朝着达夫的脸就是一拳。达夫被这完全没有想到的情况吓了一跳，完全呆住了。看到维特再次挥过来的拳头之后，他立即举起了胳膊，挡住了自己的脸。

"停……停……"

维特低着头看着倒在地上，流着鼻血的达夫。达夫正在瑟瑟发抖，维特所认识的达夫完全不是这样的人。达夫用制服擦了擦鼻子，然后确认了一下衣服上的血。他咬紧了牙，强忍着没有哭出来。

"你怎么能这样呢？怎么能……"

达夫的声音颤抖着，就像快哭了一样。

"是，我根本就不是 APPFREE 的职员，只不过是业务外包……保安企业的派遣员工而已。上学的时候，我以为整个世界都是我的……但是毕业之后才发现，以前的那一套根本行不通啊。"

维特呆呆地望着蜷缩在地上、软弱无比的达夫，心里默默地想"为什么当时没能像现在这样冲向达夫呢？"这样做要比默默地遭受欺负更容易……但是，到了现在才这么想，已经没有用了。

"你知道我第一次在这里见到你的时候是什么样的心情吗？我只不过是一个小小的保安而已，而你却是APPFREE 的职员，而且还深受会长的宠爱。我当时就觉得肯定有我不清楚的内幕，我之所以无法受到重视，肯定也是因为我不了解其中的决定性的法则。只要知道了决定性的原因的话，我也能够像以前一样……到底是谁帮你解答了那个数学问题啊？"

达夫的表情看上去就像是在向救世主询问人生的秘密一样哀切。维特一动也没动，只是呆呆地低着头看了看达夫。

"我……是不会告诉你的。"

维特留下呆呆的达夫，慢慢地转过身走出了 APPFREE。

放弃，世界上最简单的选择

罗拉宣布做全职作家已经过去两个月了。人们都去上班的时候，罗拉就在自己的公寓里写童话。罗拉经常一边看着窗外，一边叹气。她担心的事情太多了，第一个问题就是钱。继续这样下去的话，是很难再坚持两三个月的。原来的计划是拿到跟瑞秋老师一起写的书的稿费之后，再写一些童话，然后签订新的合同，但是这两个计划都没有按照预想实现。

　　虽然钱是个很大的问题，但是最大的问题是自信。

　　但是，罗拉到现在都还没能完成一篇童话。奇怪的是，写的时候觉得就像是很了不起的巨作一样，但是第二天再看一遍就觉得一无是处。由于总是不停地改来改去，所以进度一直停滞不前。

　　"如果是真正的作家的话，写起文章来肯定是文思如泉涌。我真的有当作家的天赋吗？"

罗拉很快就陷入了悲观中。罗拉现在需要一个证据，一个能够证明她是否有资格成为作家的强有力的证据，那就是书。如果罗拉与瑞秋老师一起编写的原稿能够出版的话，她应该很快就能恢复自信。

瑞秋老师不停地把她们的稿子的复印件寄给各大出版社，但是结果都一样，全都石沉大海了。

"看来这次也没有消息了。但是不要灰心,就连《海鸥乔纳森》都被退了十八次呢。"

就在要打破《海鸥乔纳森》的退稿记录的时候，瑞秋老师说她终于打听到了一个出版代理商。罗拉听说了之后，又把希望寄托在了这个连见都没有见过的出版代理商身上。她觉得这次好像一切都很顺利，不对，应该是必须要顺利才行。罗拉怀着兴奋的心情等待着好消息。

一天，外出的罗拉回到家里之后，发现电话上显示有三条留言信息。罗拉就像是拆圣诞节礼物一样，激动地按下了播放键。

"你的书到底什么时候出版啊？怎么这样做事呢，你到底是要当作家啊，还是要这样当一个失业者啊？"

电话里传来了爸爸那熟悉的声音。爸爸最近经常给罗拉打电话，毫不留情地把她推进了挫折的深渊。罗拉立即把爸爸的留言删掉了。

第二条留言让罗拉多少有些意外。

"以……以前……你在教堂前面做了什么祈祷呢？罗拉……"

那是维特的声音，留言的内容就这些。维特似有似无的声音留下了一股非常微妙的余韵。虽然有些意外，但是，罗拉内心深处的某个地方却被动摇了。维特也还记着那一天吗？罗拉突然觉得有些害羞，又有些激动，同时又因为维特低沉的声音而有些担心。

罗拉拿起了电话，她想给维特打个电话。就在这个时候，她听到了第三条留言。瑞秋老师兴奋的声音让罗拉所有的担心都不翼而飞了。

"出版代理商说下周的时候要来旧金山，肯定会带来好消息的，罗拉，期待吧！"

　　一周之后，罗拉和瑞秋老师在饭店里见到了那个出版代理商。虽然他比约定时间晚了三十分钟，但是他并没有道歉，而是不停地抱怨着旧金山拥堵的交通状况。他们点的菜上来之后，他一边切着牛排，一边又开始抱怨起来。

　　不知道为什么，罗拉总觉得出版代理商的风格与自己的父亲有些相似，这同时也让她感觉到了不安。不祥的预感总是那么准，他完全就是来让大家扫兴的人。

　　"我帮你们打听了几家出版社，但是都没有什么反应。"

　　代理商说完这句话之后，又开始批判大厅一角正在弹钢琴的钢琴师的演奏。罗拉甚至暂时想象了一下，如果这个出版代理商与自己的父亲见面会是什么样的场景。

　　"我们的原稿中是不是有需要完善的部分啊？"

　　"就算是你们修改了也没有用，因为主题和作者都不够吸引人。而且最重要的是，感觉好像缺少了点儿什么似的。"

"缺少了什么呢？"

罗拉和瑞秋老师异口同声地问。

"这个嘛，会是什么呢？"

真是一个没有诚意的回答。虽然不知道原因，但是让听的人很不舒服。

"看来你们还是要放弃这份原稿了。"

"你就是为了说这句话而从纽约坐飞机飞到这里来的吗？为了让我们放弃？"

瑞秋老师实在是忍不下去了，一下子提高了音量。

"我只不过是在去见其他作家的时候，暂时路过这里而已。所以，我要说的话就是，以后不要再打电话来烦我了。我看你们好像妄想当作家，我都觉得有些丢脸，如果让我给你们一个忠告的话……"

"我们需要的不是给我们忠告的代理商，而是一个可以积极地去行动起来的代理商。"

虽然瑞秋老师说得非常坚决，但是代理商根本就没有听进去。

"如果要给你们一个忠告的话，那就是，虽然任何人都可以写文章，但是并不是任何人都可以成为作家。"

代理商留下了她们并不需要的忠告和空空的盘子，然后抹了抹嘴就走了。桌子上只留下了一股冰冷的气流。瑞秋老师和罗拉并排坐在了一起，两个人的表情一模一样，谁都没有说话。现在的氛围就好像是在 65 比 13 的落后状态下，结束了第二节比赛的大学篮球队更衣室里的氛围。

"看来我们要自己出版了。"

瑞秋老师一边拍着手，一边说，好像已经忘记了刚才遭受的耻辱，表情重新变得明朗起来。

"舒伯特的《魔王》乐谱也遭到了出版商的拒绝，但是朋友们亲自出钱为他出版，最终获得了巨大的成功。我们也可以，我去贷款的话，应该是可以印刷一千本的。只要我们认真想办法，流通问题应该也是可以解决的。"

"不要太勉强了。"

"你这叫什么话啊？"

"老师刚才不也听到代理商说的话了吗？"

"那个人只不过是无数出版代理商中的一个而已，肯定会出现赏识我们的真正价值的人的。"

罗拉摇了摇头。

"虽然我不清楚老师的想法，但是我确实没有才能。我上周一句话都没有写出来，就连一个单词都写不出来，这样的我怎么可能会成为作家呢？"

瑞秋老师一脸担心地看着罗拉，然后轻轻地把自己的手放在了罗拉的手背上。

"谁都有不如意的时候，每当这时人们都会怀疑自己的能力，为了放弃自己的梦想而寻找各种各样的理由。但是，所有的理由都只不过是辩解而已。人们之所以选择放弃，就是因为放弃是所有选择中最简单的一个，因为他们都是精神上的懒人。罗拉，回想一下你的高贵的目标，你喜欢写作，那么，写作对你来说就是有价值的事情。遇到现在这样的情况的时候，就应该勇敢地战胜这一切。"

"即使尝试了，结果也是显而易见的。"

罗拉一下子甩开了瑞秋老师的手：

"像我这样的笨蛋根本就什么都做不了！"

罗拉的眼睛里霎时溢满了泪水。她在书包里翻来翻去，想要找手帕，但是还没有找到，眼泪就流下来了。罗拉只觉得自己让人很失望，她没有跟瑞秋老师道别就跑出了餐厅。

✿

阳光透过窗帘的缝隙照射进来，偷偷地爬上了罗拉的床。罗拉静静地躺在床上，看着天花板。这几天一直没有睡好觉，所以总能感觉到阵阵头疼。罗拉就这样躺着吞下了用来止痛的阿司匹林，她觉得自己就好像是浸泡在了水中一样，精神恍惚。

罗拉迷迷糊糊中感觉好像听到了电话铃声，她不停地在床上翻来翻去，最终还是像刚刚产完卵的海龟一样，慢慢地从床上爬了起来。她摇摇晃晃地走到桌子旁边，然后突然虚脱地笑了起来，她想起了自己早就已经把电话线拔掉了。罗拉歪坐在桌子旁边的椅子上，马克杯里的咖啡已经凉了，她一口喝掉了所有咖啡坐在了桌子上，看到桌子上堆放的稿子和资料，又一阵头疼。

罗拉来到停车场，开着车漫无目的地走着。在市内转了一圈之后，向着郊外开去。她想起了一个人。

"今天是周末，维特应该在家吧。"

罗拉自己也不清楚，为什么会突然想起维特，可能是因为她觉得维特会把她从挫折的深渊里解救出米。说不定是因为罗拉觉得维特会安慰她，也可能仅仅是因为天气的原因，反正罗拉就是想见一见维特。

"那天为什么说我漂亮呢？为什么会对我这样一个一无是处的人说这样的话呢？就算是说谎也没关系，能再对我说一遍吗？"

罗拉眼含泪水，使劲踩了踩油门。

罗拉来到格雷罗修理厂之后，环顾了一下四周，她惊讶地发现马路对面的山坡上空荡荡的。维特的旧货车不知道去哪里了，毫无踪影。因为是星期六，所以维修厂根本就没人上班，但是罗拉还是抱着试一试的想法，敲了敲修理厂的窗户。她希望里面有人，希望维特在里面……

"谁呀？"

给罗拉打开修理厂大门的人就是以前曾经见过面的修理工马克，他抱着胳膊，惊讶地看着来找维特的罗拉。

"你不是维特的朋友吗？但是，你不知道他们发生了什么事情吗？"

罗拉的心里瞬间产生了不好的预感，心一下子沉了下来。

她的预想果然没有错，马克说维特已经离开了。他说维特突然从公司辞职，在旧货车里待了很长一段时间，一直没有出门，已经好久不喝酒的维特的父亲看到他这个样子之后，又开始唉声叹气地喝起酒来，没过多久，维特的父亲就因为车祸去世了。维特给父亲举行完葬礼之后，就叫来了起重机，把旧货车销毁了，然后离开了这个城市。罗拉怎么也没有想到会发生这样的事情。

罗拉走到了原本停放着旧货车的地方。

迎接她的，只有荒凉的风。

没有主人的一只鞋子凄凉地倒在沙地上。

"维特，如果我那天接到了你的电话，如果我在那个紧迫的瞬间接到了你的电话……"

幸福的资格 /

闹钟嘀铃铃响起来了。罗拉顶着一头乱蓬蓬的头发睁开了眼睛，把闹钟扔在一边之后，无力地转过头去。罗拉在自己以前住过的房间里迎来了新的早晨，房间里还跟以前一样，学生用书桌、拱形衣柜、白色的窗棂、削笔刀、猫咪模样的瓷器……由于一切都是那么熟悉，让罗拉觉得自己好像被关在这里很久了一样。

　　"真让人失望。"

　　自从七年前与瑞秋老师的合作失败之后，罗拉就一直无精打采地生活着。她觉得自己不管做什么都不会成功，而且每次这样的预感都会变成现实。父亲说得没错，这个世界并不是那么容易应对的。好工作不是那么容易找的，就算是有了好职位，她也不想去。

　　"这样的地方为什么会选我这样的人呢？试也是

白试。"

所以，罗拉所找的工作就是不需要负任何责任，也不用遭到批评，当然报酬也比较低的兼职。罗拉现在是餐厅的服务员。

罗拉打工的餐厅主要是卖三明治。真不知道他们在面包里面夹了什么，只要尝过一次，人们就不会再来第二次。罗拉在那里遇到了一个男人，那个男人有着宽阔的肩膀，一头梳得整整齐齐的黑色头发，是一个汽车销售员。

他每天晚上八点的时候都会到餐厅里来，然后坐在罗拉负责的桌子前面，就像是说一些没有意义的战争内容一样，不停地说一些与汽车销售有关的内容。不知道是不是因为他是一个销售人员，所以说起话来非常有意思，如果罗拉笑了的话，他就像是完成了一份购买合同一样高兴。虽然每次都会剩下大半个三明治，但是他依然会给罗拉很丰厚的小费。罗拉一开始的时候以为他是为了卖车才会接近自己，但是他其实有另外的意图，他想和罗拉约会。

他是当时唯一对罗拉感兴趣的人，他非常豪爽，而且亲切，脾气也很急。他在跟罗拉开始约会六个月之后，就在 Pier 39 港口向她求婚了。

　　当时，罗拉同意他的求婚的理由一共有两个。第一个，就是可以从已经厌烦了的爸爸那里得到解脱；第二，就是因为他夸自己长得漂亮。

　　结婚之后，罗拉跟丈夫一起去了曼哈顿。虽然作为一个销售人员，很难放弃自己这段时间以来打下的基础，但是罗拉的丈夫还是为了想要离开故乡的她换了工作。

　　想要在陌生的地方站稳脚跟是一件很困难的事情，而且罗拉和丈夫与那些结婚之后获得了安定生活的夫妇不同，他们是结婚之后把债务与债务合在了一起的夫妇，他们必须要勤劳地赚钱才行。罗拉的丈夫在曼哈顿卖车，罗拉在百货商店里卖鞋子。

　　罗拉有时候会产生想要写文章的冲动。她那没有实现的梦想就像是重重的担子一样，让她心里非常不舒服。但是，她并没有重新拿起笔，因为她知道即使尝试了，换来的还是伤痕而已。

"我不管做什么都不会成功，现在如此，将来更是如此。"

不仅是写作，任何目标对罗拉来说都变得没有意义了。所谓的目标只不过是虚妄的期待而已。罗拉就像是漂浮在溪水中的落叶一样，随波逐流地过着每一天。

"罗拉，别整天愁眉苦脸了，虽然现在很辛苦，但是我们都还年轻，这里是纽约啊，是你做梦都想来的地方啊。"

罗拉的丈夫看着越来越没有活力的罗拉，苦口婆心地劝着她，但是他的话并没有让罗拉发生改变。

"我不管去哪里都不会发生变化，为什么当时没有想到这一点呢，我为什么总是这样一副模样呢？"

罗拉的丈夫只要一有时间就会抱着罗拉安慰她。

"我不想再听你唉声叹气了，我们不能就这样浪费大好的青春。我真搞不懂像你这样既漂亮又年轻的人为什么总是被自卑情结束缚住呢？亲爱的，现在要振奋起来了，知道了吗？"

罗拉点了点头，但是，她的内心深处并没有发生任何改变。没过多久，罗拉迎来了一丝曙光，她有孩子了。

艾米，光想一想孩子的名字她就觉得内心很充实，就好像是孩子可以抵消一切不幸一样，罗拉看着孩子圆圆的小脸的时候，觉得每一个细胞里都充满了爱一样。罗拉因为孩子的到来而陷入了前所未有的幸福之中。

"我真的有享受幸福的资格吗？"

但是，幸福只是暂时的。艾米越是健康地成长，罗拉就越来越不安。罗拉觉得就像扑棱棱的鸽子、丢失的钥匙和粘在大衣上的头发一样，艾米的成长让她产生了不安的感觉。她觉得自己的命运应该不允许她享受幸福，自己不就是这样走过来的吗？罗拉经常因为对未来的担心而彻夜难眠。

不好的预感，总是会成真。有一天，罗拉的丈夫因为销售业绩迟迟没有增长而被辞退了。不幸降临之后，罗拉反而安心了。

"我就知道会这样，这样才正常啊，我怎么可能拥有幸福呢？"

罗拉的丈夫听到她的话之后，生气地大声喊起来：

"我求你不要再这样被害妄想了！我已经听够了你的这些自卑了！我原来是一个活泼开朗的人，但是遇到你之后，我感觉自己变得意志消沉了。你从来没有为我加油过，每当我意志消沉的时候，你就会像幽灵一样贴在我的耳边说'不管怎么做都是没有用的'。"

"我从没有这么对你说过。"

"不，你每天都在说。就是你让我陷入了严重的悲观主义中，让我无法理直气壮地给顾客打电话，无法理直气壮地敲开顾客的门。真该死！结婚之后就没有一件事情是顺利的！"

"你不要把自己的无能怪到我的头上！"

罗拉的婚姻生活渐渐开始不和谐。罗拉一直都是比较被动的人，所以她根本就没有办法扭转渐渐变差的婚姻生活。罗拉与丈夫之间争吵的次数越来越多，丈夫回家的时间也越来越晚。当丈夫说出"离婚"这两个字的时候，罗拉平静地接受了。

"我早就知道会这样，怎么可能有人喜欢像我这样的女人呢？"

不知道是不是因为懒得吵架了，罗拉的丈夫轻轻地把手放在罗拉的肩膀上，说了最后一句话：

"你是一个好女人，但是，罗拉，你必须要学会爱你自己才行。"

当时，罗拉没有明白这句话的意思是什么，她以为那只不过是那个抛弃了一无是处的女人的男人寒酸的辩解而已。

记忆王杰克

罗拉从床上爬起来，慢慢悠悠地走进了浴室。罗拉不喜欢照镜子，原本就毫无生机的脸上开始慢慢地出现了皱纹。三十岁，一无所获，未来也一片渺茫。虽然罗拉下定决心再也不回旧金山了，但是连这个小小的愿望也没有实现。仅仅凭借服务员的工资实在是无法承担房租和孩子的抚养费，所以，她最终还是回到了家乡的父母家里。

　　"我必须要赶紧筹钱才行，我必须要尽早离开这里。"

　　罗拉就像是念咒语一样，不停地嘟囔着这句话。十七年前，一个少女也曾经在这里说过同一句话。

　　罗拉洗完澡之后，迈着沉重的脚步走进了厨房。四人用的餐桌自从罗拉回家之后，又重新坐满了人。五岁的艾米坐在了罗拉的弟弟汤米的位置上，用手生疏地挥舞着叉子。

"罗拉，你为什么吃得这么着急啊？"

头发已经变得花白的妈妈抬起头问了一句。

"今天有重要的演讲活动，我要提前去摆桌子。"

"啧啧。"

爸爸就像是发动二手车一样，准备开始唠叨了。

"说是要当作家，把好好的工作都辞了，现在这个样子真好啊。人家爱迪生在你这个年纪的时候都已经发明了电灯泡了，你却在做女服务员。"

"对，而且还是一个带着女儿的离婚女人。"

罗拉看都没看爸爸一眼，不高兴地回答了一句。爸爸的嗓门已经大不如以前了。

"谁说不是呢……"

"我自有分寸，您就不用担心了。"

就在这个时候，"当啷"一声，盛沙拉的盘子摔碎了。艾米把叉子放在嘴上，吓得不停地眨眼睛。罗拉都没有确认孩子是不是受伤了，就开始大声嚷起来：

"你怎么总是这样呢？要是够不着的话就说话啊，

妈妈是不是跟你说了？如果觉得做不好的话，就安静地待着，干脆不要做！"

艾米的脸一下子变得苍白了。罗拉的爸爸看上去想要说什么，但是最终还是什么话也没有说，只是皱了皱眉头。今天早晨的氛围又被搞砸了，看来围绕着这张桌子的氛围是很难变好了。

罗拉给艾米换上衣服之后，急急忙忙走了出去。妈妈跟着她们走到门外，静静地看着她们。

"怎么了？"

"你怎么会跟你爸爸这么像呢？明知道会后悔，为什么要对孩子……"

听了妈妈的这句话之后，罗拉觉得自己就好像是绕着地球转了一圈一样。

"我求您不要再说这样的话了，怎么连妈妈你也这样呢？"

现在真的是最糟糕的情况，竟然听到了自己最不想听到的话。实际上，不知道从什么时候开始，罗拉也隐隐约约地感觉到了，但是没想到今天竟然真的听到了这句话，看来今天注定是漫长的一天啊。

❀

在大厅里放着四十多个圆形桌子，二百多个椅子倒放在桌子上，等待着罗拉去收拾。罗拉在桌子之间不停地来来回回，把椅子一个个放下来，光是这一项工作就已经让她消耗掉了一半的力气。

接下来的工作就是从门口开始铺桌布。虽然罗拉忙得连直腰的时间都没有，但是有人却在一边悠闲地用鼻子哼着歌。在礼堂前面的桌子旁边坐着一个六十多岁的老人，鼻子上架着一副小小的眼镜，正低着头在笔记本上写着什么。

"老爷爷，能麻烦您让一下吗？"

罗拉走过去，很不高兴地大声说。老爷爷慢慢地把眼镜往上推了推，然后看了一眼罗拉胸前的姓名卡。

"罗拉·邓肯，415-677-9629。"

罗拉听完之后吓了一跳，下意识地停了下来，然后看了一眼自己的姓名牌，姓名牌上当然不可能有电话号码。

"您是怎么知道我的电话号码的？"

老人的头发都直立着，微笑着说，那个电话号码是罗拉以前自己住的时候用过的号码。老人就好像是没什么大不了一样，耸了耸了肩膀说道：

"这很简单啊，只要背下来就可以了。"

"什么？"

罗拉觉得很奇怪，于是上下打量了一下这位奇怪的老人。老人把桌子上的演讲小册子递给了罗拉，罗拉打开之后又被吓了一跳。这位老人就是今天的演讲者，杰克·麦克莱恩，人称"背诵王杰克"。

他的 IQ168，自从七岁的时候在一个电视节目中把圆周率的值背诵到了一千多位之后，就有了"背诵王杰克"的称号。他曾经多次在地方节目上表演过，是当时旧金山非常有名的人。虽然长大成人之后，他经历了多次事业上的失败，但是在晚年的时候却开发出了提升记忆力的项目，所以，现在正是他人生的第二个黄金时期。

"很抱歉没能认出您来。"

罗拉一边把小册子还给他，一边道歉。

"但是，您是怎么能够背诵电话号码本和圆周率一千多位的值呢？"

杰克耸了耸肩膀说道：

"背诵电话号码本并不是特别的人才拥有的专属能力。听说在古代印度和波斯有很多人能够把整本经传背诵下来，后来，由于印刷术的发达，使得书籍渐渐普及，所以，人们的记忆力也就渐渐衰退了。人类的能力只要不经常使用的话，最终都是会生锈的。我可以问你一个问题吗？罗拉小姐现在能够背诵下来的电话号码有多少个呢？"

"这个嘛，应该不到十个。因为都写在了笔记本上或者是记在了电话里，所以不需要背诵下来。"

"我要说的就是这个意思，人类连自己的潜力的十分之一都还没有用就离开了这个世界。我之所以会做与记忆力的训练方法有关的演讲，并不仅仅是为了提高人们的记忆力，真正的目的是为了让人们感受到我们拥有的巨大的力量。实际上，那些通过记忆力训练而背诵

了 π 的值，背诵了《马太福音》的人，会感受到一种重生的喜悦。体验过潜力的力量的人就会拥有'只要下定决心，不管是什么都一定可以成功'的自信。其实，人类拥有想象不到的超大潜力，只要把它们挖掘出来就可以了，罗拉小姐也可以做到。"

罗拉看到杰克的手指向自己之后，赶紧摆了摆手：

"我？我的女儿说不定可以，但是我是绝对不行的。一个女服务员就算是发展得再好，还能好到哪里去呢？"

杰克一脸担忧地说道：

"如果过于低估自己的话，是不可能发挥出自己的潜力的，自我贬低是会腐蚀自己的才能的。"

"哦，可是我的 IQ 也不是很高。"

"IQ 只不过是一个数字而已，虽然 IQ 测试可以反映一个人的数理能力和空间能力，但是却无法反映最重要的意志力。"

虽然罗拉脸上没有表露出来，但是内心里却根本不同意他的说法。罗拉坚信每个人都是带着各自的才能来到这个世界上的，她的才能也就仅仅是做一个女服务员而已，这就是现实。罗拉不想为了爬到更高的位置而感受那份自卑感。

"我该走了，经理该出来了，能够遇到旧金山最聪明的人是我的荣幸。"

罗拉从椅子上站起来，开始继续整理桌子。杰克露出了惋惜的表情，摇了摇头之后，又重新拿起了笔。一边用鼻子哼着歌，一边打开笔记本，开始写起字来。但是，他很快就像是想起了什么一样，用笔的一端敲了敲桌子。

"啊，对了，旧金山智商最高的人不是我。在离这里三十分钟路程的梅林学校里，有人打破了 IQ 的最高值。"

"梅林学校？哎呀，我也是那个学校毕业的。"

罗拉直勾勾地盯着杰克。听到他说出了自己母校的名字之后，罗拉一下子觉得亲近了不少。

"是的，他的名字就是……"

听到杰克的话，罗拉下意识地摇晃了几下。她甚至产生了错觉，觉得大厅里就像一下子涌满了海水，而她自己就像是被海水淹没了一样，眼前一片模糊，耳朵也听不到任何声音。她感觉自己就像是快要窒息了，甚至连微小的呻吟声都发不出来。罗拉使劲用手抓着桌子，像是要昏倒了，一下瘫坐在椅子上。

七年之后的归乡

雨越下越大，维特觉得自己就像是被吸进了雨中。他撑着雨伞，回到了阔别七年的家乡。岁月让很多东西都发生了变化，原本停放着他们的旧货车的地方，正在修建住宅区的基础工程。周围是一片孤零零的黄土地，但是格雷罗维修厂依然还在。但是，已经没有以前那么华丽了，变得破旧不堪了。

"我不是说过了吗？没有人留在这里。在洛杉矶，只要有空地，就会盖房子。现在已经是乞丐都在买房子的时代了，以前的痕迹都已经消失不见了。"

出租车司机把头伸出车窗对维特说。也是，并不仅仅是洛杉矶发生了变化，爸爸去世之后，维特就变成了一个流浪者。从没有离开过家乡的维特，在数十个州里做过很多工作。他在纽约待过，也去过拉斯维加斯，还在华盛顿 DC 生活过，也去过迈阿密。他在加油站工作过，在农场工作过，在码头工作过，也曾经在高层建筑的施工现场工作过。有很多负责人可能很喜欢一直默默地认真工作的维特，想要把他录用为正式员工。但是每当这个时候，维特就会背上自己的背包，悄悄地到其他州去。他不能在任何地方停留太长的时间，因为不知道什么时候就会被别人知道他是一个傻瓜这个事实。

一直不停地换工作的维特，最近主要是在施工现场打零工。美国现在正在流行搞建设，人们就像是玩乐高游戏一样，不停地盖房子。因此，不管维特去哪里，都能够找到工作。维特就这样不停地更换工作，最后又回到了西部，回到了他的家乡——洛杉矶。

"麻烦你把我送到公墓那边去吧。"

暂时陷入沉思中的维特对司机说。出租车在雨中穿梭着，向着维特的目的地驶去。维特一动不动地盯着窗外，因为说不定这是最后一次看到自己的家乡的老样子。来到墓地的入口处之后，维特下了出租车，然后找到了爸爸的墓地。

"爸爸，好久不见了。"

维特把手里的花放在了墓碑前面，然后努力地露出了笑容。

"很抱歉这段时间没能来看你，我去了很多地方。啊对了，去年的时候，我顺便搭了一辆货车路过了大峡谷，真的是非常壮观，我也情不自禁地大喊了几声。如果爸爸当时也在，肯定也会大喊几声的。但是，爸爸是因为我是傻瓜才会离开的吗？我总是会产生这样的想法。如果我不懂分数，也没有去 APPFREE 的话，爸爸应该就不会遭遇这样的车祸。爸爸，我好想你啊。"

维特的脸上布满了雨水。他擦了擦脸上的雨水，迈开沉重的脚步。在墓地外面有一条通往山坡上的小路，维特顺着这条路向上走去，他还有最后一个地方要去。

山坡上的教堂还保持着原来的样子。维特淋着雨站在教堂的院子里，他看到了那个在夕阳下祈祷的少女。

"那个时候，罗拉在祈祷什么呢？"

维特想着自己的初恋，不知不觉露出了微笑。但是，一想到自己的处境，就陷入了深深的惆怅，他无法拥有任何东西。

"如果我不是傻瓜的话……"

维特听到有人向着教堂外面走来。他一脸凄凉的表情，慢慢地调转了脚步。

"维特？"

雨更大了。维特再次抬起脚步。就在这时，雨中传来了那个他一直没有忘记过的声音。

"维特！"

相信自己

秋风随心所欲地在没有窗户的砖瓦房里来回穿梭。院子里堆满了圆木，蜻蜓优雅地落在上面，一摇一摆地晃动着身体。虽然看上去乱七八糟，但是住宅区与工地外面的鸟瞰图十分相似。

工人们三五成群地聚集在一起休息着。维特独自一人坐在前不久刚种的道旁树下面，无聊地挑选着石块，从他脸上的表情可以看出他非常心烦意乱。自从去了山坡上的教堂之后，他就一直处于这种状态中。

回到了阔别七年的家乡，在下着大雨的那一天，在教堂前面喊他的人不是别人，就是瑞秋老师。瑞秋老师说她跟牧师很熟，所以经常会来这里寻求牧师的建议。

虽然维特因为这次偶遇而有些发蒙，但是瑞秋老师却非常高兴，说这是上天听了她的祷告之后安排他们见面的。他们两个人走进教堂里面，相互询问这几年以来的生活。瑞秋老师说她前不久已经辞去了老师的工作，开了一个个人出版社。她还说自己这段时间以来一直不停地写文章，但是每次都会被出版社退稿。如果说世界上有因为没有公司赏识而失望的人，那么，就有认为只要自己创建一个那样的地方就可以的人。

他们谈了很多，其中也有与罗拉有关的内容。

"虽然我没有被邀请参加她的婚礼，不是很清楚，但是……"

瑞秋老师说罗拉在七年前结婚了，然后跟丈夫一起去了曼哈顿。维特听到这个消息之后，一下子涌出了失落的感觉。虽然他已经预想到了罗拉可能结婚了，但是当他亲耳听到确切的消息的时候，心里还是一阵落寞。

※

轰隆隆！

休息时间结束之后，挖土机又开始工作了，工人们也一个个站了起来。维特也戴上了安全帽，慢腾腾地站了起来。工地上传来了喧闹的声音，维特转过头去，看到五六个工人站在那里，其中有一个人伸出手指了指维特。工人们看到维特一脸呆呆的表情，就像是掀开窗帘一样慢慢地分开，自动闪出一条路。于是，维特看到了一个穿着米黄色连衣裙的女人。用手遮挡着太阳的那个女人，看到维特之后慢慢地把手放了下来。

"罗拉？"

罗拉慢慢地向着维特走了过来，褐色的头发随风飞舞着。在阳光的环绕下向这边走过来的罗拉就好像是从图画中走出来的贵妇人一样。罗拉靠得越近，维特的精神就越恍惚。

"维特，你好。"

"你……你好。"

"我从瑞秋老师那里听到了你的消息。"

罗拉说她为了寻找维特，从前不久开始就不停地从熟人那里打听有关维特的信息。

"为什么……为什么要找我啊？"

"我要跟你一起去一个地方，但是，以后再告诉你是哪里。这件事情就先这样了，过了这么长时间才重逢的朋友，是不是应该先一起吃顿饭啊？我现在正好饿了，你能跟我一起去吃饭吗？"

"当……当然了，那……那么，你能等我一会儿吗？"

罗拉和维特一起来到了唐人街里的一家中华料理店里，然后在二楼找了个位置坐了下来，一起吃起饭来。

"什……什么时候回到洛杉矶的啊？罗拉。"

"已经有一年左右了。"

"过……过得怎么样啊？"

"嗯，每天都在带有园丁的别墅里举办宴会，每到夏天的时候就会去进行世界旅行，每到周末的时候就会骑马，打高尔夫。"

说完之后，罗拉自己都哈哈笑起来。

"对不起，可能是年纪大了就变得无聊了。我只不过是一个寄住在父母家里的没出息的女服务员而已，是不是很让人失望啊？"

维特静静地盯着罗拉，然后问了一个自己这段时间以来一直非常好奇的问题：

"你的丈……丈夫是……是个什么样的人啊？"

罗拉张了张嘴想要说什么，但是最终还是静静地摇了摇头。她好像有些不方便说，于是立即转换了话题。

"给你看看我的女儿啊？"

罗拉从包里拿出了艾米的照片给维特看。照片里的小姑娘跟妈妈一样，有一头漂亮的褐色头发，就像娃娃一样漂亮。维特盯着罗拉的女儿看了很长时间，越看越觉得心里产生了别样的感情。

"维特，你要一直待在这里吗？"

"不……不是的，这个工程结束之后就要去……去南边。对于流浪者来说，温……温暖的地方比较好。"

"真羡慕你可以随便去自己想去的地方，我也想过这样的生活，做自己想做的事情，去自己想去的地方。我明明是努力地生活着，但是不知道为什么我的人生一直是这个样子。"

饭店的老板是中国人，他在桌子上放上了幸运饼干，但是罗拉并没有打开。罗拉说根本不用看，肯定是不好的卦，就算是出现好卦，也肯定不准。维特也没有打开，他觉得自己的卦上肯定写着"梦一样的一天"。

"但是……你不写作了吗？瑞秋老师说她一直……一直在写……"

"老师一直在写？"

罗拉看上去像是受到了不小的冲击一样，她紧紧地闭着嘴，一脸苦涩地把头转向了窗外。维特觉得自己好像是说了不该说的话一样。

他们两个人沉默了很长时间。虽然维特曾经幻想过很多次这样的一天，但是当这样的一天真的来临的时候，他却不知道该说些什么，于是只好盯着盘子，生疏地用着筷子。

他们两个人走出饭店之后，静静地在唐人街上走着。不知道是不是因为在准备什么活动，街上闹哄哄的。他们为了躲避行人，时远时近。维特盯着罗拉看上去有些悲凉的背影，他们两个人都已经三十岁了，也很疲倦了。维特突然产生了一种预感，觉得今天可能是跟罗拉在一起的最后一天。

"快看，那不是泰勒会长吗？"

罗拉突然在展示着电视机的橱窗前面停了下来，电视里出现了泰勒会长，新闻中正在报道泰勒会长时隔七年之后重回APPFREE担任CEO的让人无法相信的消息。维特和罗拉并排站在一起，静静地看着电视机里播放的新闻。

泰勒会长被免职之后，APPFREE就开始走下坡路。公司的经营团队看到公司没有任何起死回生的可能性之后，向竞争公司提出了APPFREE的合并建议，但是他们收到的仅仅是"不可挽救"的答复。APPFREE变得一团糟，甚至到了无法被并购的程度。舆论把APPFREE描述为了"陷入了死亡的旋涡中"。

泰勒会长被自己创建的公司赶出来之后，并没有自暴自弃。他创建了计算机图形公司，成功地东山再起。APPFREE的经营团队不得不向被他们抛弃了的泰勒会长伸出求助之手，除了他，没有人愿意接手这个濒临破产的公司。听说接受了 APPFREE 建议的泰勒会长向公司的经营团队提出了前所未有的年薪要求，他要求的年薪只有一张——一美元。

记者向泰勒会长询问了重新回归 APPFREE 担任 CEO 的感想。

"我曾经在一段时间里成为了失败者的象征，但是我相信我自己。虽然世界没有相信我，但是我相信了我自己。"

罗拉和维特就像是木头一般静静地站在橱窗前面，罗拉一边看着电视，一边用低沉的声音说：

"瑞秋老师和泰勒会长全都在走自己想走的路。在我们什么都不知道的时候，在我们放弃退缩的时候……"

橱窗上泰勒会长的脸与他们两个人的影子重叠了起来。维特感受到了身体里有一股无法用语言来说明的电流，罗拉也产生了同样的感觉。她有必须要见维特的理由，但是，当她看到维特之后就开始犹豫了，一直都没有说出来，她觉得现在应该把自己找他的原因告诉他了。

"维特，还记得我刚才说的话吗？我说要跟你一起去一个地方。"

"嗯，当然了，但是你说的意思不是一起吃……吃饭吗？"

罗拉慢慢地摇了摇头，然后静静地看着维特的眼睛说：

"维特，我们也应该像瑞秋老师和泰勒会长一样，重新站起来。这是一件可能会给你带来勇气，也可能会给你带来伤害的事情。怎么样？即使如此，你依然有勇气来面对吗？"

维特不知道应该怎样回答罗拉突如其来的问题，但是，他看到罗拉满含着真诚的眼神之后，觉得自己应该毫不犹豫地跟她走。维特点了点头，于是，罗拉高兴地笑着说：

"那好，那么就让我们后天下午再见吧。因为我明天还有事情……"

脱口秀/

广播局演播室的前面和后面的差距实在是太大了。工作人员正在乱七八糟的舞台后面忙碌着，罗拉和妈妈一脸紧张地坐在椅子上。

"好了，准备好，马上就要开始录节目了。"

一个工作人员走过来跟他们说。罗拉直到现在都无法相信自己要出现在电视脱口秀节目中。

罗拉是四天前收到消息的。妈妈说瞒着她申请了电视脱口秀节目的出演机会。由于那是一个非常有名的节目，所以妈妈只不过是抱着买彩票的心情试了一下，但是没想到就像奇迹一样，他们竟然被选中了。

罗拉听说之后，起初非常生气，毕竟这消息有些让人不知所措。妈妈到底是想确认什么呢？妈妈说那是一个以"全新的出发"为主题，邀请那些寻找新的希望的人们参加的节目。罗拉并不是不理解想要帮助掉入黑暗深渊的女儿寻找一丝光明的妈妈的心情，但是，为什么偏偏是脱口秀节目呢？虽然妈妈一直不停地劝说，但是罗拉还是下定了决心绝对不会去参加这个节目。

但是，罗拉遇到维特之后，内心就变得混乱起来。与维特、背诵王杰克、瑞秋老师和泰勒会长的相遇，好像并不仅仅是偶然，就好像是命运向她发出的信号。虽然罗拉没能破解这个信号，但是有一点是很明确的，那就是现在自己的人生是错误的。罗拉不知不觉产生了一种期待，认为这次的脱口秀节目可能会成为自己人生的转折点。

"下面让我们有请罗拉·邓肯小姐和她的妈妈萨曼塔·邓肯女士！"

外面传来了脱口秀主持人的声音。罗拉就像是被别人推着，颤抖着走到了舞台上。刺眼的灯光照到了她的身上，罗拉适应了一下之后，才慢慢地看到了旁听席上的观众。罗拉压抑着剧烈的心跳，跟妈妈一起并肩坐在了沙发上。

主持人打了个招呼，做了简单的介绍之后，直接进入了主题。虽然主持人的问题看上去很奇特，但是问题的关键却是"你为什么要讨厌自己？"。不知道为什么，罗拉觉得自己好像被看成了很奇怪的人，所以心情并不是很好。

"不是的，我并没有讨厌我自己。我只不过是默默地接受了一切而已。"

主持人看着罗拉的眼睛问道：

"你是怎样看待现在的自己的呢？"

"我必须要说出来吗？"

"我很快就会让你说出来的，因为那个沙发被施了魔法，坐在沙发上的人一定会实话实说的。所以，那些搞政治的人并不想来参加我们的节目。"

听到主持人说的玩笑话之后，观众席上爆发出了阵阵笑声。但是，罗拉的表情却没有丝毫的变化。

"就像你看到的一样，头脑不聪明，没有特别的才能……脸……长得很难看。"

听了她的话之后，主持人和观众同时发出了"啊——"

的惊叹声。主持人就像是无法相信一样问罗拉：

"你真的认为自己长得很难看吗？"

罗拉很不高兴地点了点头。

"罗拉小姐，绝对不是这样的，你长得很漂亮。你是个大美人。"

"你是在嘲笑我吗？"

"啊，真是，你身边的人应该经常说你是个美女啊。"

"那是……"

罗拉每当听到这样的话的时候，都会觉得对方在嘲笑自己，或者是形式上的话，要不然就是同情她而已。主持人观察了一下罗拉的表情之后，转换了话题：

"你的婚姻生活怎么样呢？"

"我的前夫是一个很好的男人，我的女儿也茁壮成长，但是我总是觉得不安。"

"你说自己很不安？"

"因为我觉得自己根本就没有享受幸福的资格。"

旁听席上的观众再次发出了"啊——"的叹息声。罗拉的妈妈什么话都没有说，她好像觉得自己的女儿的情况要比她想象的严重很多。

"你怎么会有这样的想法呢？"

"我也不清楚，我从小就这样。总觉得自己不管做什么都不会成功，每当失败的时候，就会觉得一切都完了……"

一脸真挚地看着罗拉的主持人慢慢地把头转向摄像机说：

"看来是有我们不知道的缘由。现在让我们介绍另一位客人出场！"

罗拉的妈妈凑到她的耳边小声说"对不起，没能提前告诉你"。没过多久，罗拉就知道了妈妈这句话的意思。主持人所说的另一个客人就是罗拉的爸爸。

虽然爸爸平时看电视的时候总贬低主持人，说主持人是一个唠叨不停的黑女人，但是真正来到主持人面前时，却一副点头哈腰的样子，甚至看上去到了卑躬屈膝的程度。看到爸爸的这个样子，罗拉更加生气。

"您刚才听到女儿说的话了吧？"

坐在沙发上的爸爸一脸沉痛地点了点头：

"好像是我把女儿培养得太懦弱了，但是我依然希望我的女儿可以幸福，我依然很爱她。"

罗拉听到爸爸说爱自己之后，内心深处突然有一股无法用言语表达的感觉涌了出来。

"爸爸，你不是讨厌我吗？"

看来真的像主持人说的一样，这个沙发带有某种魔力。平时一直埋藏在心里没有说出来的话，现在都说了出来。爸爸的脸上一下子露出了慌张的表情。

"这个世界上怎么会有讨厌孩子的父母呢？你现在有了艾米，应该很清楚吧？"

罗拉用颤抖的嗓音说：

"爸爸从来都没有对我说过一句温暖的话。"

"我承认我不善于对你进行称赞。但是，我这一辈子都为了给你创造一个好的环境而咬着牙工作。"

"好的环境？爸爸曾经把我逼到了悬崖边上。"

"你这是什么意思？"

"我也曾经拥有过滚烫的热情，但是爸爸全都给我扼杀了。"

"不要再固执了，我到底对你做错了什么？"

"爸爸总是说我没出息。"

爸爸听了罗拉的话之后，带着很茫然的表情看着罗拉。

"你现在仅仅是因为这一个小问题就这样埋怨我吗？"

"就这么一个小问题？"

罗拉两只眼睛都变得红红的。

"没出息，没出息，没出息！我因为这句话，什么都做不成。穿不了自己喜欢的衣服，无法向自己喜欢的人告白，也无法做自己喜欢的工作，因为我根本就没有自信。我认为我就是一个根本没有资格享受幸福，就像寄生虫一样存在的人！"

演播室里响起了非常激昂的声音。主持人伸出双手，让观众稳定下来。

"两位都镇定一下，这里不是杰瑞史宾格脱口秀^①。"

---

① 以极端的设定而过激的台词而著称的美国著名脱口秀——编注

主持人露出惋惜的表情，叹了口气。就在这个时候，一直静静地在一边听着他们父女两个人谈话的妈妈看着罗拉说：

　　"你爸爸不知道表达感情的方法，他一直都想跟你亲近一些，都想跟你交谈，但是总是先说一些难听的话，可是他比任何人都要疼爱你。你还记得以前你说要写书的时候吗？虽然当时你爸爸对你说了一些很难听的话，但是，其实他一直在跟周围的人炫耀，说自己的女儿要当作家了。"

　　"不要开玩笑了，爸爸绝对不是这样的人，我很清楚的。"

　　听了罗拉的话之后，主持人站了起来，把手温柔地放在了罗拉的肩膀上：

　　"罗拉小姐，你妈妈为你准备了一些东西。"

　　主持人指了指左边的屏幕，大屏幕上开始播放幻灯片，幻灯片中都是一些很久以前的照片。第一张是爸爸让小小的女儿坐在自己脖子上的照片，女儿不知道是不是因为很痒，高兴地大笑着。第二张照片中是一起在草坪上打闹的父女。接下来一张是在女儿的脸上印下深深一吻的爸爸。

"这个孩子的父亲说一直都想重新回到这个时候去。"

妈妈指了指红着眼睛看着大屏幕的爸爸，然后拉起了罗拉的手：

"我不知道应该从什么时候开始说起，你刚出生的时候，我们都说真的没有见过这么漂亮的小孩子。每当抱着你的时候，感觉就像是抱着一个小天使一样。你爸爸每天都把你带到外面去，在别人面前炫耀。"

"但是，为什么叫自己的女儿笨笨呢？"

听了主持人的问题之后，妈妈露出了难堪的表情：

"这是我根本就不愿意回想的一件事情，现在想起来也觉得心有余悸……那是罗拉五岁的时候，发生了非常可怕的事情，在去百货商店的路上，罗拉被诱……诱拐了。"

旁听席上传来了观众们更大的"啊——"的叹息声。

"幸好被一位赶上休息日出来逛街的警察发现了，

所以在一个小时之内就找到了。"

妈妈不知不觉快要哭了：

"从那之后，我们夫妻就不敢带女儿出去了。坦率地说，我们根本就不知道应该怎样培养她。我们总是觉得因为罗拉太漂亮了，很有可能会被别人拐走。所以，我们给女儿起了一个外号叫笨笨，也不再给她穿漂亮的衣服。我们看着一天天长大的罗拉，更加坚信了我们的想法是正确的，因为再也没有人关注罗拉。我们夫妻以为等到罗拉长大之后，一切都会恢复正常。一开始是因为痛心而给女儿起了这样的外号，但是后来，这个外号要比名字更加亲切，所以自然而然就叫起来了。而且，因为世界险恶，爸爸想要把女儿培养得更加坚强，所以故意冷酷地……"

罗拉一直静静地听着妈妈的话，她觉得自己的整个身体都像是麻痹了没有知觉。两只大大的眼睛失去了焦点，视线不停地晃动着。

"我认为这是一个父母应该担心的事情，但是俗话说'任何不幸都不会大于我们的恐惧'。难道无条件地隐藏就可以解决一切问题了吗？恐惧只会引起更大的不幸。你们没有想过父母的恐惧会给女儿的人生带来什么样的不幸吗？"

听了事情真相的主持人惋惜地接着说：

"杰克·韦尔奇曾经说过'我从母亲那里得到的最好的礼物就是自信'。你们为什么没能把这份礼物送给你们的女儿呢？就算是有天大的痛苦，你们也应该为女儿更美好的未来着想啊。"

罗拉的妈妈和爸爸使劲低着头，什么话都说不出来。过了一会儿，罗拉的声音打破了寂静：

"我根本就不知道有过那样的事情，爸爸妈妈还不如我长大到一定程度的时候就告诉我这一切。我从来没有爱过我自己。妈妈，我一直觉得自己没出息，一直讨厌自己。"

妈妈满脸泪水，用双手轻轻地抚摸着罗拉的脸说：

"对不起，真的对不起，罗拉。我没有想到你会过着如此痛苦的人生……"

妈妈的泪水不停地往下流，哽咽得无法说下去了。

罗拉感觉过去的生活一瞬间穿过自己的身体消失不见了，心里感到一阵空虚。

主持人对罗拉说：

"虽然父母很爱你，但是他们当时还不知道正确的教育方法，这一点与其他的很多父母都是一样的。罗拉小姐，我也经历过不幸的时期，所以非常清楚，你肯定经历了别人无法想象的艰辛和痛苦。但是，不管遇到什么样的事情，你也应该爱护自己。以后不要再封闭自己了，尽情地伸展自己的翅膀吧。"

罗拉再次流下了滚烫的泪水。罗拉与爸爸和妈妈紧紧地抱在了一起，哭了很长一段时间。

寻找失去的时间

梅林学校还跟以前一模一样。红色的砖墙上爬满了绿色的爬山虎，开出了漂亮的小花，温柔的阳光洒在窗户上，暖洋洋的。在东边的教学楼里依然是上科学课的教室。马上就要退休的罗纳德老师依然不停地斥责着学生。

"看看你们的测评考试成绩！我都觉得丢脸，都不好意思抬着头走路了。那些拖了平均成绩后腿的家伙给我听好了，你们知道世界为什么不能快速进化吗？就是因为你们这样的傻瓜变成了那些优秀人才的累赘。"

一个男人站在窗户外面看着罗纳德老师，使劲握着拳头。站在旁边的褐色头发的女人轻轻地拉了拉男人的手说：

"维特，走吧。我们没有必要去看这样的人。"

"不，我，必须要……要见一见他，而且我还有个问题要问问他，为什么会发生那样的事情？"

三十分钟前，罗拉和维特来到了梅林学校。瑞秋老师已经在他们之前就来到了学校里。他们是在瑞秋老师的帮助下来学校里确认一下以前的 IQ 测试资料的。前不久，罗拉从背诵王杰克那里听到了一个让她非常震惊的消息。杰克说在洛杉矶有一个人的智商比他还要高，那个人就是曾经在梅林学校学习的维特·罗杰斯。罗拉苦恼了很长一段时间，她不知道到底要不要确认一下这个事实，但是她最终还是下定决心要带着维特来确认一下。

教职员翻找了很长一段时间之后，在毕业生文件箱里面的已经变黄的资料里找到了维特的 IQ 测试评价表。看了评价表的教职员满脸震惊地说：

"我的天啊，我们为什么会不知道我们学校里曾经有这样的学生呢？"

即使来到学校，听说了这件事情之后，维特也没有感到这是真的，但是当他听到了教职员的话之后，才听到了自己的心脏"嘭"一声的声音。

"不……不……不会吧……"

瑞秋老师从教职员的手中接过 IQ 评价纸之后，也不断地发出叹息声。

"怎么会这样呢？怎么会有这样的事情呢？"

罗拉接过那张纸，开始读起上面写的字。文件上很清楚地写着维特的名字，一个字母都没有错，在名字的下面清清楚楚地写着 173 这个数字。瑞秋老师高兴地说：

"维特，你是个天才。你是一个 IQ173 的天才。"

最后，维特也确认了一下那个数字，不由瘫坐在了椅子上。

过了一会儿，下课了，孩子们都高兴地跑到了走廊里。刚刚走出教务处的罗拉和维特一下子停下了脚步。他们看到已经秃顶的罗纳德老师正慢慢向他们这边走过来。

罗纳德老师并没有认出他们，慢慢地从他们身边走过，于是，维特用颤抖的声音问。

"为……为什么要那样做？"

罗纳德老师听到这个突如其来的问题之后，停下了脚步，眯着眼睛上下打量着维特。

"你是……"

罗纳德老师慢慢地打量着维特，维特再次问了一遍：

"您怎么能够……那样做……"

就在这个瞬间，罗纳德老师手里的教材哗啦一声全都掉在了地上。

"你是维特？维特·罗杰斯？"

罗纳德老师准确地说出了维特的名字，一个字都没错。他的脸一下子变得苍白了，默不作声地站着的维特把手伸进口袋里，然后拿出了一张纸，放在了罗纳德老师的面前。

"请您给我解释……解释一下，到底为什么……"

罗纳德老师向着维特伸出了手，他并没有接过维特递过来的纸，而是用双手紧紧地握住了维特的手。

"对不起，真的对不起……"

罗纳德老师的眼里流出了泪水。

太奇怪了，维特突然没有了任何感觉。触觉、思想和感情好像全都消失不见了。虽然罗纳德老师在请求他的原谅，但是他却什么也听不到。维特转过身，摇摇晃晃地向外面走去。

校园里的雄鹰雕像低着头，好像在注视着横穿校园的维特的背影一样。就像十七年前一样，在雕像的柱子上依然刻着那句很难被孩子们发现的简短的句子：

Be Yourself.（做你自己）。

❀

事情的开端只不过是一个小小的失误而已。

梅林学校每年四月份的第三周都会对七年级（初二）的学生进行 IQ 测试，测试的负责人就是罗纳德老师，主管测试的服务机构在一个月之后把评价表送到了学校里。罗纳德老师把上面的分数抄录在学籍簿上之后，把原件放进文件柜里。

十七年前，罗纳德老师一直认为维特就是一个低能儿，所以，他把维特的 IQ 评价表上的 173 看成了 73，这就是整个事件的前因后果。仅仅因为漏掉的一个数字，让维特作为一个傻瓜生活了十七年。

罗纳德老师在很久之前知道自己犯了一个特大的失误，那就是在背诵王杰克知道梅林学校有一个比自己的智商还高的人之后，来学校进行确认的时候。虽然罗纳德老师知道真相之后开始寻找维特，但是那个时候，维特已经去了其他地方了。罗纳德老师没能把自己的失误告诉任何人，就这样把这段过去隐藏了起来。

✽

两个人静静地坐在山坡上的秋千上，微风轻轻地拂过他们的肩膀。就像很久以前的那一天一样，罗拉用手轻轻地把飞到维特衣领上的草叶拿下来，然后让它们继续随风飞去。虽然罗拉努力地笑着，安慰着维特，但是维特却没有任何反应。在几分钟的时间里，他们两个人之间只有微风吹过。

"前不久，我又重新读了一遍跟瑞秋老师说好要写书的时候搜集起来的资料。其中有一个俄罗斯舞蹈演员的故事，因为当时没有什么特别的感觉，所以没有写进文章里，如果我重新写书的话，一定会把这个故事写进去。你要不要听一听啊？"

罗拉用手梳拢了一下有些凌乱的头发，然后开始讲起了"小女孩与芭蕾舞女演员"的故事。

在俄罗斯的一个小山村里，住着一个梦想着成为芭蕾舞演员的小女孩。小女孩为了实现自己的梦想，努力地练习芭蕾舞，要比同龄人优秀很多。小女孩的本领越高，就越要学习更难的技术。于是，失败的次数也越来越多。随着时间的流逝，小女孩的心里开始产生了怀疑。

"我真的有这个才能吗？"

就在小女孩因为怀疑自己的才能而饱受煎熬的时候，世界顶级的舞蹈家来到了她的村子里。小女孩为了确认自己的才能而跑到了举办活动的地方，小女孩恳切地请求舞蹈家，最终得到了在舞蹈家面前跳舞的机会。

小女孩怀着紧张的心情开始在舞蹈家面前跳舞。但是，舞蹈家一直用无视的眼神看着小女孩，还不到一分钟就朝小女孩摆了摆手。

"停！我还是第一次见像你这样身体僵硬的孩子，你没有这方面的才能。"

对小女孩来说，舞蹈家的这句话就好像是晴天霹雳一样，竟然说她没有才能。虽然小女孩还想否认，但是她却做不到，因为这是世界最顶级的舞蹈家给她的评价。

最终，小女孩接受了自己没有芭蕾才能的事实，然后放弃了芭蕾。小女孩长大之后就变成了一个非常平凡的家庭主妇。

有一天，村子里又来了世界级的舞蹈家。这个女人在活动现场见到了已经隐退的舞蹈家，看到那个舞蹈家之后，她提出了一个埋藏在心里很长时间的疑问。

"很久以前，你曾经在这里说过我没有才能吧。但是，我最近想了想，发现了一个奇怪的问题。就算你是世界上最顶级的舞蹈家，但是怎么能够在一分钟的时间里就知道一个小女孩到底有没有潜力呢？"

那个舞蹈家露出了跟当时一模一样的无视的表情：

"我当然不可能知道了，我又不是神。"

这个女人一下子呆住了，让一个小女孩放弃了自己梦想的人怎么可以说出如此不负责任的话呢？这个女人生气地斥责起舞蹈家，但是舞蹈家反而对这个女人大喊起来：

"是你听了别人的话之后，就放弃了自己的梦想，那么，也就是说，你从一开始就没有成功的资格！"

维特就像石头一样僵住了。他呆呆地看着天空，一动也不动，看上去好像根本不在呼吸一样，某种看不见的东西在瑟瑟发抖。罗拉小心翼翼地看着他。

"我……确实是一个傻瓜。"

罗拉听到了随风飘来的维特颤抖的声音。

"不是的，你反而是一个 IQ 高达 173 的……"

维特慢慢地摇了摇头，他从秋千上走下来，然后向前走了几步。

丢失的十七年，维特在这段时间里被数字欺骗了，被无视他的人们欺骗了，被这个世界欺骗了。

但是，他人是不会为自己的人生负责的。维特直到这个时候才明白，没能让自己的潜力得到发挥的人就是自己,是他自己把自己变成了傻瓜。明明是自己的人生，但是，人生里面却没有"我"，而是仅仅带着世界给他的"傻瓜"这个名字生活着。就算是像飓风一样的威胁拼命地动摇自己，也绝对不应该让自己内心深处的火花灭掉。

　　"我真的是个傻瓜，没能相信自己的我才是真正的傻瓜……"

　　维特的脸上流下了滚烫的泪水。

　　"还可以重新开始吗?"

　　维特第一次没有问别人，而是问了自己。他听到了重生的灵魂那铿锵有力的声音。

我将收回仅仅关注世界的眼光。

我将最尊重自己的想法，而不是世界上其他人的话。

我将爱我自己。

我将做我喜欢的事情。

我将不再恐惧我的未来。

变成天才的傻瓜

马上就到圣诞节了，希尔顿酒店里到处都是一派繁忙的景象。在大型的圣诞树装饰下面，举办了为市民准备的野外音乐会，大厅里的服务员不停地奔走着，迎接着客人们。在三层的宴会厅里聚集了众多特别的客人，只有百分之二的高智商人士才能够加入的国际门萨协会的会员们为了参加新任会长的就职仪式而从各地赶到了这里。

让宴会达到高潮的圣诞颂歌合唱结束之后，主持人拿起了话筒：

"很荣幸我能在这里为大家介绍国际门萨协会的新任会长。首先，就让我简单地介绍一下新任会长吧，他是发明了无数受欢迎商品的发明家、著名的企业顾问、APPFREE 的社外董事、著名作家、革新演讲家、公共项目企划者……如此看来，还真是一位没有主心骨的人呢！"

主持人的玩笑让宴会场里的人哄堂大笑。

"下面就让我们有请今天的主人公，维特·罗杰斯会长！"

会场中响起了热烈的掌声。维特深呼吸之后走上台，与前任会长拥抱之后，面向宴会场挥了挥手。

维特向人们表示了感谢之后，伸直胳膊指向了位于宴会场一边的桌子。人们的视线和照明全部都集中在了坐在那张桌子旁边的老妇人身上。

"这段时间以来，我得到了很多人的帮助，尤其是大家现在看到的这位漂亮的女士，就是她造就了现在的我。备受尊敬的出版界领袖瑞秋代表，可以说她既是我的妈妈，也是我的爸爸，而且还是唯一没有放弃我的老师。就连我自己都放弃了的时候，她也没有放弃。借此机会，我想对她说一句话'老师，能够遇见您是我这一辈子最大的幸运'。"

人们向瑞秋老师送上了雷鸣般的掌声。瑞秋老师因为突如其来的掌声有些不好意思，带着一脸的感慨，用眼神向人们表示了感谢。坐在她旁边的罗拉静静地拿出手帕放在了老师的手里。

照明再次回到了维特的身上。

"这段时间我一直在苦恼就职演讲的时候应该说些什么，就在我苦恼的时候，一些年轻的会员让我讲一讲成功的秘诀。我瞬间就想起了这个酒店的创始人康拉德·希尔顿，他在长大成人之前，一直都不能很好地读书、写字。他原本想当一个银行的警卫员，但是，由于他不认字，所以被辞退了，成为了酒店的门卫。他在后来回忆的时候说，就是因为自己不会写字才创建了希尔顿酒店。当然，他成功的秘诀并不在此。'在我做门卫的时候，有很多人工作做得比我好，也有很多人的经营能力比我强。但是，相信自己能够经营一家酒店的人却只有我一个。'

"这就是他的成功秘诀。康拉德·希尔顿曾经说过，人们之所以无法成功，就是因为对自己进行了过低的评价。他曾经在一次演讲中拿着一根铁棍说'如果把这根铁棍制作成马蹄铁的话，就会拥有十美元五十美分的价值，如果制作成钉子的话，就会拥有三千二百五十美元的价值，如果制作成钟表的零件的话，那么就会拥有二百五十万美元的价值。'"

维特看了一眼台下的人，继续说：

"我们就像康拉德·希尔顿手里的铁棍一样，拥有无限的可能性，我们的价值绝对不是确定的。有一些人说我是因为拥有非常高的IQ，所以才会像现在一样成功。但是，大家都知道，我曾经做了十七年的傻瓜。在那十七年的时间里，IQ没有为我提供任何的帮助。不管是有着什么样才能的人，如果总是对自己进行过低评价的话，他的才能是绝对不会发挥出来的。如果认为自己只能成为马蹄铁的话，那么就只能成为马蹄铁，如果认为自己是一个傻瓜的话，那么就会变成一个真的傻瓜。康拉德·希尔顿还曾经说过这样的话，'不要羡慕别人拥有的才能，要去发掘自己拥有的才能。一个人的价值会被自己制作出的框架所决定。'我们都拥有无法用数字来衡量的能力。在没有进行任何尝试之前，绝对不要轻易对自己的能力做出判断。一定要相信自己，一定要把自己看作是一个伟大的存在。因为那样，你的行动也会变得伟大。现实偶尔会背叛大家的期待，大家以后可能会吃几次苦头，每当那时，我们就会对自己感到失望。但是，直到最后一刻也绝对不能怀疑自己。希望大家意志消沉的时候，或者是对未来感到不安的时候，就想一想做了十七年傻瓜的维特·罗杰斯的人生。非常感谢大家倾听了世界上最傻的男人的故事。"

会场里立即响起了欢呼声和雷鸣般的掌声。人们纷纷站起来，为维特送上了热烈的掌声。罗拉看着维特，脸上露出了欣慰的笑容。

"人们是不会知道的，这样的一位演说家以前说话有多结巴。"

瑞秋老师听罗拉的话，也点了点头：

"是啊，人们应该也不会知道著名的童话作家罗拉·邓肯曾经是一个既没有梦想、也没有希望的女服务员。"

罗拉不再鼓掌，转过头看着瑞秋老师。她发现老师的额头上已经开始出现皱纹了，头上也开始出现白头发了。

罗拉想起了这段时间她们两个人一起经历的事情，心里一下子感慨万千，她紧紧地抱着瑞秋老师说：

"老师对我说的'要相信自己'这句话是正确的。如果没有老师，我和维特应该还在原地徘徊。老师，您是我们两个人真正的老师。老师，谢谢您。"

"我只不过是为了让你们发挥才能提供了一点帮助而已，真正用行动去实践的人是你们自己。"

宴会场里再次响起了轻快的圣诞颂歌。过了一会儿，隔壁传来用鼻子哼歌的声音。

"我们是不是应该给会长送上一束鲜花啊？"

白发苍苍的背诵王杰克走到她们两个人身边说。

"对啊，瞧我这记性。稍等一下。"

罗拉拿着准备好的鲜花，向着被客人包围着的维特走去。背诵王杰克喝了一口端在手里的鸡尾酒说：

"世界变化得实在是太快了，他们竟然都已经到了中年了，我还是青年呢，哈哈！"

"现在到了他们将这一切发扬光大的时候了。"

杰克抚摸着圣诞老人一样的白胡子说："他们两个人好像已经开始实践了呢。维特通过演讲，罗拉通过童话传播着信息。我的孙女也是罗拉·邓肯的粉丝呢。"

瑞秋老师看了看杰克说：

"老师您才是圣诞老人呀，送给了傻瓜一个叫作天才的礼物。"

杰克听了瑞秋老师的话之后，爽朗地笑了起来：

"您过奖了，我不是圣诞老人，而是精灵，是唤醒灰姑娘的美丽的善良的精灵，而瑞秋代表就是……"

瑞秋老师瞪着闪光的眼睛问：

"我是什么呢，不会是天使吧？"

"哎呦，当然是比童话世界更了不起的现实世界的领路人啊，就是北极星。因为你一直为他们指引着道路，防止他们迷路。"

终章

　　不知道是不是因为刺骨的寒风，路上几乎看不到车辆的身影。透过车前灯的灯光，偶尔会看到一些雪花。

　　"哎呀，下雪了，维特，你有信心开车吗？"

　　维特没有回答，而是自信地耸了耸肩膀：

　　"我可是向最优秀的修理师、司机马克大哥学习的驾驶技术的。当时，爸爸可能是想为我打开通往世界的通道，竟然让马克大哥教我这样的傻瓜学习驾驶……"

　　维特想到这里，鼻子一阵酸楚。

　　车慢慢地开到了山坡上的教堂前，维特停下来，熄了火。

　　"为什么要把车停在这里？"

　　罗拉看着维特问。

　　"因为我有个问题很好奇。"

罗拉没有再问，而是打开车门跟着维特走下了车。山坡上的教堂没有发生任何变化，教堂灰色的墙壁在路灯的照耀下，隐隐约约地反射着淡淡的光芒。教堂前面的院子里的两个秋千依然友好地并排在一起。虽然布满了岁月的痕迹，但是位置却没有发生任何变化。维特用低沉的声音问罗拉。

　　"你不结婚了吗？"

　　罗拉听到这个突如其来的问题，表情有些慌张，回答说：

　　"我呀……因为已经结过一次婚了，而且还有艾米……所以，我不结婚也就罢了，但是维特你为什么四十多岁了还一个人生活呢？都赚了这么多钱了。"

　　"我是没有时间啊，因为别人在十多岁的时候做的事情，我是到了三十多岁的时候才开始的。从那之后，我就忙着享受发展自己的快乐了。"

　　"发展自己的快乐？"

　　"嗯，不管是多么简单的想象，如果能够实现，就会产生一种仿佛拥有全世界一样的感觉。如果这样的经历逐渐变多，就会让自己相信还可以实现更大的想象。为了把巨大的想象变成现实而努力，在某个瞬间就会感受到自己的发展，那种感觉让我非常快乐、幸福。"

"这些话我一定要说给艾米听。"

罗拉好像是要把维特的话记下来一样，从外套的口袋里拿出了笔记本。

"你那个时候在祈祷什么呢？罗拉。"

罗拉听到维特突然冒出来的这个问题，停下了正要拿笔记本的手，呆呆地望着他。

"什么那个时候啊？你不会是在说十五岁的时候吧？"

罗拉就好像是听到了什么有趣的笑话一样，哈哈大笑起来。但是，维特并没有跟她一起笑。罗拉也不笑了，然后静静地望着当年自己跪着祈祷的地方。

"我祈祷让自己变漂亮。虽然现在想起来很搞笑，但是当时我真的非常认真。

"我当时认为我遇到的所有的挫折都是因为我的外貌。因为我认为自己无法拥有漂亮的长相，所以才会对外貌的祈祷更加执着。"

维特听了罗拉的话之后，瞪着大眼睛看着罗拉问：

"是真的吗？你竟然在外貌上有自卑情结……真是不敢相信。"

罗拉耸了耸肩膀说：

"是啊，而且真的非常严重。但是仔细想一想的话，应该是一种逃避心理吧。遇到问题的时候，我并不是正面应对，而是把一切原因都归结到外貌上，因为这样会更简单。当然，我那个时候并不清楚曾经发生在自己身上的事情，是在很久之后才知道的，知道事情的真相之后也是花了很长一段时间才彻底从自卑情结中摆脱出来。自从我明白了自己非常卑鄙地把所有的责任都推到了外貌上之后，寻找答案就变得非常简单了。直到那个时候，我才能够清楚地看到自身存在的问题。"

维特感叹自己在这么长的时间里都不知道罗拉竟然有这么沉重的负担。他用抱歉和心疼的眼神看着罗拉说：

"我们两个人都被奇怪的标准束缚住了，度过了困难的时期，原来我们还有这样的共同点呢。"

罗拉轻轻地点了点头，嘴角露出了微笑。突然，罗拉像是想起了什么，看着维特说：

"维特，其实，我一直以来也有个疑问，你那个时候说过的话是真心的吗？"

维特没有问那个时候说的话是什么，因为根本就没有那个必要。因为自从那天之后，那就成为了一直留在维特心里的话。维特摘掉手套，紧紧地握住了罗拉的手。罗拉的脸就像鲁道夫的鼻子一样，变得绯红，就像回到了十五岁时满是雀斑时候。

"真是一场鹅毛大雪啊。"

"对啊。"

唱诗班轻快的歌声透过教堂灰色的墙传了出来。他们两个人紧紧地拉着手，忘记了时间的流逝，就这样静静地抬头看着像水晶球一样闪闪发光的雪花。

版权登记号：01-2013-8564

图书在版编目（CIP）数据

傻瓜维特 / (美) 波沙达著；千太阳译. —北京：现代出版社，2014.4

ISBN 978-7-5143-2278-1

Ⅰ.①傻… Ⅱ.①波… ②千… Ⅲ.①成功心理－青年读物 Ⅳ.①B848.4-49

中国版本图书馆CIP数据核字(2014)第070932号

傻瓜维特

作　　者	【美】乔辛·迪·波沙达
译　　者	千太阳
责任编辑	赵海燕
出版发行	现代出版社
通讯地址	北京市安定门外安华里504号
邮政编码	100011
电　　话	010-64267325　64245264（传真）
网　　址	www.1980xd.com
电子邮箱	xiandai@cnpitc.com.cn
印　　刷	三河市中晟雅豪印务有限公司
用　　纸	890mm×1240mm
印　　张	7.25
版　　次	2014年5月第1版　2023年9月第11次印刷
书　　号	ISBN 978-7-5143-2278-1
定　　价	30.00元